Frank Lewerenz/Martin Kaindl/Tom Linthaler

Das Rennrad Technikbuch

➤ Material ➤ Technik ➤ Wartung ➤ Einstellungen

pietsch

Einbandgestaltung: Petra Pawletko
Titelbild: Kleine Bilder: 3T, Cervelo, Paul-Lange (Shimano)
Großes Bild: Scott
Bildnachweis: s. S. 223

Alle Informationen und Ratschläge in diesem Buch wurden sowohl von den Verfassern als auch vom Verlag sorgfältig erwogen und geprüft. Dennoch erfolgen alle Angaben ohne Gewähr. Eine Haftung der Autoren oder des Verlages und seiner Beauftragten für Personen-, Sach- und Vermögensschäden ist ausgeschlossen.

ISBN 978-3-613-50680-0

1. Auflage 2012. Dieses Buch ist eine überarbeitete Neuauflage der unter der ISBN 978-3-613-50486-8 erschienenen Erstauflage.

Sie finden uns im Internet unter: **www.pietsch-verlag.de**

Lektorat: Angela Saur
Innengestaltung: Petra Pawletko
Druck und Bindung: Neografia, 03655 Martin
Printed in Slovakia

EPS
SUPER RECORD
11

1. GEDANKEN ZUM RAD UND ZU SEINER ENTWICKLUNG

Wir leben im Zeitalter des Fahrrades. Hören wir da einen Widerspruch? Es sind die Autos, die unsere Verkehrslandschaft dominieren? Der Radfahrer lebt nur am Rande der automobilen Gesellschaft? Vorsicht! Die Rolle des Rades als Verkehrsmittel ist ja nur die eine Seite der Medaille – für viele Menschen zu unbequem, zu lästig. Beim Radfahren wird die Kleidung verschwitzt, die Frisur vom Wind zerzaust oder vom Helm zerdrückt. So soll ein Arbeitstag beginnen, ein Rendezvous, ein Restaurantbesuch?

Wie war das noch? Wir stürzen uns mit dem – ach so viel schnelleren – Auto ins Verkehrsgetümmel und finden mal wieder keinen Parkplatz. Bei distanzierter Betrachtung der Sachlage begreifen wir schnell, dass man als Automobilist zwar äußerlich unbeschadet, innerlich jedoch häufig »geladen« das Ziel erreicht. Der Radler hat den – scheinbaren – zeitlichen Nachteil des langsameren Verkehrsmittels im Nahbereich schnell kompensiert: Ein Rad kann man überall parken und hat zudem durch den körperlichen Einsatz – ganz abgesehen von der ökologischen Haltung – das Gefühl, etwas geleistet zu haben, anstatt im Saft der eigenen unterdrückten Wut zu schmoren.

Doch halt! Solches Denken führt nicht weiter. Der Siegeszug des Rades in der postmodernen Zeit löst sich vom vernunftbegründeten Zweck der Fortbewegung. Heutzutage entbehrt das Arbeitsleben mehr und mehr der körperlichen Mühsal, das Leben frönt dem Hedonismus mehr denn je zuvor. Das Ausgeliefertsein an einen Zustand andauernder Beschleunigung erlebt der moderne Mensch in zwiespältiger Weise: Es wir zugleich gefeiert und verwünscht. Die Darstellung der körperlichen Fitness ist nicht nur Attitüde der Leistungsträger, sondern bekommt auch eine lustvolle Dimension. Fitness ist erotisch, und so wird die Bewegung lustvoll zum Selbstzweck umgestaltet. Das Erlebnis des Fahrens wird zum Selbstzweck, und so ist das Fahrrad die logische Konsequenz, eine Konsequenz, die das scheinbar unterlegene Fortbewegungsmittel aus seiner Alltagsecke befreit und zum Gegenstand der modernen Selbstverwirklichung verwandelt. Das Rad wird zum Sport-, aber auch zum Lustgerät. Überschaubare, begreifbare Technik, die ihren Zweck unverhüllt zur Schau stellt, möchte jedoch nicht nur konsumiert und genutzt, sondern auch verstanden und beherrscht werden – und genau darum geht es in diesem Buch.

Rennradfahren macht die Landschaft fühlbar und beschert unvergessliche Erlebnisse.

Hinzu kommt eine weitere Dimension des Zeitgeistes: Sport wird nicht nur veranstaltet, betrieben, beobachtet, er wird zum Ereignis, zum Event. Events aber werden massenkommuniziert, kommerzialisiert, konsumiert: Olympiade, Formel 1, Bundesliga, Boxen und natürlich die Tour de France, auch als »Tour der Leiden« apostrophiert.

Diese Ereignisse bestimmen einen Teil unseres Alltagslebens: Man sprich darüber, man richtet den Tagesablauf an den allfälligen Fernsehübertragungen aus. Und schaut auf die Helden, die als Lichtgestalten den Weg aus dem Dunkel des Alltags weisen, mit all ihren Stärken und Schwächen, mit ihren Siegen und Niederlagen, mit Aufstieg und Absturz: Michael Ballack, Sebastian Vettel, die Gebrüder Klitschko, aber auch die Stars auf dem Rennrad wie Lance Armstrong, Jan Ullrich, Andreas Klöden, Erik Zabel, Tony Martin, André Greipel.

Nur Sieger werden geliebt? Der Film »Höllentour« vermittelt da ein anderes Bild. Deutschland geht ins Kino und schaut »Radsport«. Dass das Thema Doping den Sturz vieler Helden – gerade des Radsports – von dem Sockel verursachte, auf den sie die Öffentlichkeit gehoben hatte, tat der Beliebtheit des Sports vor allem in der Breite keinen Abbruch. Dabei ist nicht nur Unterhaltung angesagt, nicht nur Mitfiebern und Identifikation, sondern etwas darüber hinaus Reichendes: den bequemen Sessel gegen den harten Rennsattel tauschen! Aufs Rad steigen und selber fahren! Den Ausbruch aus der anonymen Gleichförmigkeit der Arbeitswelt als sportliches Ereignis inszenieren. Sich wieder spüren! Bewegung als Produkt der eigenen Leistung erleben, garniert mit der Dreingabe Fitness und der gedanklichen Teilhabe an einem der größten Mythen der Sportgeschichte.

Dazu kommt das neue Erleben ganzer Landstriche auf bisher ungekannte Art. Die Reichweiten, die sich dem Rennradler mit ein wenig Training schnell erschließen, sind an sich schon ein Erlebnis eigener Art. Egal, ob Ebene oder Hochgebirge, ob Landstraße oder Radweg: Die Radler sind überall. Der Tourismus hat sie als Zielgruppe entdeckt. Radlergerechte Unterkünfte, radlergerechte Speisekarten, Servicestationen, geführte Touren, Rad- und Radtrainingsurlaube. Mittelmeerinseln werden des Frühjahrs von Radlern bevölkert wie von Zugvogelschwärmen: Du bist nicht mehr allein mit deinen Sehnsüchten. Du findest Gleichgesinnte allerorten. Und das kühle Bier zur Belohnung schmeckt, frei von Gewissensbissen, gleich doppelt so gut.

Soziale Unterschiede werden ausgeglichen: Auch die Erfolgreichen, Schönen und Mächtigen müssen sich mit schierer Muskelkraft den Berg hinauf schinden. Das teurere Rad ist da weder Hilfe noch Ausrede. Auf der Passhöhe des Tourmalet sind wir alle gleich – Sozialismus auf zwei Rädern.

So werden wir zu Siegern: Die nah gelegenen Anstiege des heimatlichen Reviers verwandeln sich von Hindernissen zu Herausforderungen. 50 km? Mit dem Rad? In weniger als zwei Stunden? Oh Schreck, denkt der Novize, 50 km und dann noch diese Berge – wie soll ich das schaffen? Den Geübten entlockt dies nur ein kurzes Achselzucken, sie wissen es (inzwischen!) besser, 50 km sind ein Klacks, eine eher kompakte Ausfahrt. Die Eroberung des scheinbar Unmöglichen kann mit dem Rennrad in kurzer Zeit gelingen. Wenn das keine Therapie für die geschundene Alltagsseele ist! Kein Wunder, dass kaum eine Sportart in den letzten 20 Jahren einen solch nachhaltigen Boom erlebt hat wie die Fahrt mit dem Rad.
Und die technische Entwicklung des Rades hat eine dem Boom angemessene Entwicklung vollzogen. Die letzten 25 Jahre waren geprägt von Innovationen, die wohl nur als Folge des breiten Interesses so viele Impulse bekamen,

Traumszenario: Blauer Himmel, Berge und Asphalt

dass all die verrückten Tüftler – denn Rennradler waren in Masse eher konservativ – eine Spielwiese zur Erprobung ihrer unkonventionellen Ideen am Markt fanden.

Zugleich vollzog sich eine Hinwendung bisher branchenfremder Firmen zum Rad: Eine französische Firma, bisher mit Skistiefeln und -bindungssystemen am Markt, kreierte das »Clipless«-Pedal, und der Name dieser Firma, Look, steht für den Siegeszug aller neuen Pedalgenerationen.

Ähnliches war bei den Materialien zu beobachten: die Carbon- oder Verbundmaterialtechnik bereicherte den Rahmenbau in ungeahnter Weise. Was in Luft- und Raumfahrt und der Formel 1 gute Zwecke erfüllt, sollte nach und nach auch den Alltag des Radlers durchdringen. Das Rennrad ist ein scheinbar antiquiertes Sportgerät, das im technologischen Mainstream schwelgt und zugleich bodenständig bleibt: Immer noch ist es der Fahrer, der in die Pedale treten muss (auch wenn es nur noch eine Frage der Zeit sein dürfte, bis auch ein Rennrad mit elektrischem Zusatzantrieb auftaucht). So werden die nostalgische Erinnerung an die gute alte Zeit und die moderne Sucht nach ständig Neuem miteinander versöhnt und auf unmittelbar »erfahrbare« Weise eins.

Die neue Technik stellt aber auch neue Aufgaben. Während früher, zu Zeiten, als die Dreigangnabe schon einen technologischen Höhenflug verkörperte, nur das Ölen der Kette und das gelegentliche Flicken eines platten Reifens eine (geringe) handwerkliche Herausforderung darstellten, durch welche sich viele überfordert fühlten, bieten die modernen Entwicklungen der indizierten oder gar elektronischen Gangschaltungen Denksportaufgaben der besonderen Art. Der Mensch, der bereit ist, die Entwicklungen der Radsporttechnik zu erobern, kann sich auf eine wunderbare Reise ins Land der technischen Möglichkeiten freuen.

Die Fragen und Probleme, die die Nutzung eines modernen Rennrads aufwirft, und vor deren Lösung man zunächst zögert oder gar kapituliert, stellen auch einen herausfordernden Reiz dar in der Auseinandersetzung mit dem modernen Sportgerät. Und im Gegensatz zum Mysterium der elektronischen Datenverarbeitung ist (noch!) fast alles begreifbar im wahrsten Sinne des Wortes: Auch mit einem durchschnittlichen Technikverständnis ist es möglich, mit ein wenig Anleitung die technischen Entwicklungen und Sachverhalte nicht nur zu verstehen, sondern auch, weniger als zwei linke Hände vorausgesetzt, zu pflegen, zu warten und sogar in minder schweren Fällen instandzusetzen.

Genau das ist die Absicht dieses Buches: einen Beitrag zu leisten zum technischen Verständnis und Hilfestellung zu bieten bei der Lösung von Problemen.

Doch nicht nur die Technik der Komponenten hat sich im Laufe der Zeit verändert, auch die Typen des Rades haben sich je nach Zweck und Leistungsanspruch ausdifferenziert.

Gegen all die Trends zur Hochleistung gibt es ein »back to the roots« neben High-Tech-Entwicklung, eine Retrowelle ebenso wie die Suche nach Innovation: Mischformen, sogenannte Hybride, bereichern das Angebot des Marktes, wenn auch mit ähnlich differenzierter Technologie ausgestattet. Das sogenannte Fitnessbike, eine Mischung aus Renn- und Trekkingrad, oder das Crossrad, welches die Tugenden des Rennrades auch abseits asphaltierter Wege zur Geltung bringen soll.

1.1. Spielarten des Rennrades

Das Erlebnis des Fahrens mit dem Rennrad ist vielfältig. Das Dahingleiten in der Ebene, es »rollen lassen«, der geschmeidige Lauf der Maschine über glatten Asphalt, den Rhythmus der Beine, den Rhythmus der Atmung, des ganzen Mensch-Maschine-Systems spüren, das gleicht fast dem Erlebnis der Meditation. Das Singen der Reifen, das Surren von Kette und Ritzeln und Kränzen, das Sausen der Luft begleiten einen wie feine Musik.

Das Rad die Hügel und Berge hinaufwuchten, den Rhythmus finden. Auf

Profis im Peloton: Bei schönem Wetter und »guten Beinen« macht die Arbeit Spaß.

Wer möchte da nicht dabei sein – auf einem dieser Carbonjuwelen.

Passstraßen in die Kehren stürmen, sich hineinlegen in die Kurven, die nächste Rampe packen. Einen Gipfel stürmen, wo andere nur mit dem Auto hinfinden. Die Befriedigung, die Höhe erobert zu haben, aus eigenem Willen und eigener Kraft. Das erlebte Glück, etwas geschafft zu haben. Und die Freude der brausenden Fahrt ins Tal, durch die Biegungen der Straße schwingen, die Kehren anbremsen, und mit einer sauberen Linie ins Tal pfeilen, den Wind spüren.

Und dann die Hatz der Ebene! Die Jagd eröffnen, den Rhythmus in und mit einer Gruppe Gleichgesinnter finden, das Spiel mit dem Windschatten. Tempo machen, Kilometer fressen, leben, glücklich sein! Nicht an morgen denken, sondern das Leben spüren im Hier und Jetzt. Fühlen, wie es einem geht, lauschen, was die innere Stimme vorgibt.

Das alles und noch mehr bietet die Fahrt mit dem Renner – Therapie vom Alltag. Ein Spiel, das von Anfang an erfüllt und mit zunehmendem Können immer schöner wird.

Das Rennrad, die Rennmaschine, hatte bereits zum Ende des Zweiten Weltkrieges einen Stand erreicht, der sich nicht mehr wesentlich von dem der beginnenden Achtziger unterschied. Der aus Stahlrohren mit Muffen verlötete Rahmen, versehen mit einer Kettenschaltung und auf grazilen Felgen verklebten Reifen, verzögert mit Felgenbremsen, war lange Zeit Stand der Technik, ohne dass technische Neuerungen das System in den Grundzügen wesentlich verändert hätten.

Auch wenn der Unbedarfte am äußeren Erscheinungsbild das gute alte Rennrad wiederzuerkennen glaubt, fand in den Details eine stürmische Entwicklung statt: Aluminiumfelgen, Hochleistungs-Drahtreifen, indexierte Schaltungen, Bremsschaltgriffe, lastschaltbare Kettenschaltungen, Verbund- und Systemlaufräder, Rahmen und Gabeln aus Aluminium und Verbundwerkstoffen, Schaltungsbetätigung per Elektronik. Auch andere Fahrradtypen wie das Mountainbike bzw. Trekkingrad brachten neue Features in die Rennradtechnik ein: das dreifache Kettenblatt (hat sich zumindest zwischenzeitlich durchgesetzt, wenn der Trend auch eindeutig zur Compact-Kurbel geht), die Federung (hat sich nicht durchgesetzt), den geraden Lenker (en vogue als »Touren«rennrad = Fitnessbike), robustere Laufräder mit etwas dickeren, profilierten Reifen und Cantilever-Bremsen (das Crossrad wurde wieder salonfähig).

In der Achtzigern markierte Eddy Merckx mit Dura-Ace den Stand der Technik.

Passend zum nostalgischen Trend gibt es Repliken alter Merckxscher oder DeRosascher Renner, Trikots im Design der 60er Jahre.

Und irgendwie passt das zur Zunft. Denn Rennradsportler im klassischen Sinne sind konservativ. Im Umkehrschluss bedeutet das: Viele Neuerungen waren schwierig durchzusetzen, zumal eine entsprechend eingestellte oberste Radsportbehörde nichts unversucht ließ, um neue Entwicklungen in der Technik einzubremsen, um dem Rad den Charakter eines für »alle gleichen, nicht erfolgsentscheidenden« Sportgerätes zu erhalten. Daran wäre beinahe die Etablierung der sogenannten Sloping-Geometrie (Rahmenform mit abfallendem Oberrohr, angelehnt an das Design des Mountainbike-Rahmens) gescheitert.

Zeitfahren: Maximale Effizienz aus Mensch und Maschine herausholen.

Nun ist der eigentliche Einsatzzweck des Rennrades das Radrennen und das zugehörige Training. Dieser Wettbewerb ist gekennzeichnet von Ebene, Steigung und Gefälle, von dicht an dicht im Feld rollenden Akteuren, von vielfältigen, oft taktisch bedingten Tempo- und Rhythmuswechseln, dem Spiel mit Wind, Windkante und Windschatten, vom Geradeausfahren, vom Sprinten und von der Kurvenhatz beim Kriteriumsrennen. Für all diese Anforderungen bietet die »klassische« Rennmaschine sicherlich den besten Kompromiss.

Ganz anders jedoch die Disziplin des Einzelzeitfahrens: Beim Wettkampf gegen die Uhr ist der Fahrer allein auf der Strecke, guter Geradeauslauf und eine aerodynamische Sitzhaltung bilden neben optimaler Tretergonomie für einen eher gleichmäßigen Rhythmus die Kernpunkte der Anforderungen. Steuerbarkeit, Kurvenverhalten, Fahren am Berg und eine Sitzposition, die im taktischen Ränkespiel den Überblick behalten lässt, haben dagegen weniger Bedeutung.

Ein ganz spezieller Impuls zur Entwicklung der Zeitfahrmaschine entsteht durch den Boom des Triathlonsportes: Die moderne Zeitfahrmaschine entspricht (mittlerweile!) in vielen Zügen dem für diesen Mehrkampfsport entwickelten, in Radlerkreisen zunächst verpönten Sportgerät. Die auffälligste Besonderheit war hier eine neue Lenkerform, patentiert von einem US-Hersteller namens Scott (durch den hauchdünnen Sieg Greg LeMonds über Laurent Fignon, herausgefahren beim alles entscheidenden Einzelzeitfahren, dazu der letzten Etappe der Tour de France, schlagartig im Bewusstsein aller Interessierten verankert), die nicht nur zur Entlastung der durch den vorangehenden Schwimmwettkampf ermüdeten Arm- und Schulterpartie beiträgt, sondern auch die aerodynamische Qualität des Systems Mensch-Maschine verbesserte. (Dem Versuch, Ausreißern in konventionellen Straßenrennen durch ein kompakter gehaltenes System ohne separate Armauflagen – die sogenannten Spinaci

Ohne Aerolenker geht im Triathlon gar nichts.

von Cinelli – das Leben zu erleichtern, wurde nach kurzer Zeit – na, von wem wohl? – der reglementarische Garaus gemacht).

Dazu kam, und das war der eigentliche Schlag ins Gesicht der pedaltretenden Zunft, eine veränderte Sitzposition. Für den Laien kaum sichtbar, wurde mit der »American position« das Merckxsche Dogma des »von weit hinten in die Pedale Tretens« in Zweifel gezogen (wir werden später im Kapitel »Anpassung« darauf zu sprechen kommen). Wie so oft mendelte die Realität des Wettkampfes den besten Kompromiss heraus. Im Wesentlichen entsprechen moderne Zeitfahrmaschinen dem Urbild des Triathlonrades. Lediglich die im Triathlon immer noch gerne verwendeten, wenn auch wieder auf dem Rückzug befindlichen 26-Zoll-Laufräder stellen, abgesehen von einigen wenigen, regularienspezifischen Vorgaben, einen erkennbaren Unterschied dar.

Ach ja, die 26-Zöller: Das Zeitfahren gab es ja auch lange Zeit als Mannschaftsdisziplin. Und da kam es auch auf perfekte Mannschaftstaktik an, geprägt durch virtuosen Umgang mit dem Windschattenspiel. Und je kleiner das Vorderrad, desto dichter kann man in den Sog des Vordermanns tauchen: ein 26- oder gar 24-zölliges, also im Durchmesser wesentlich kleineres Vorderrad machte es möglich. Wer der Entwicklung einen Riegel vorschob? Der aufmerksame Leser darf drei Mal raten.

Eine andere technische Strömung bei der Suche nach der Optimierung des Systems Mensch-Maschine griff in den letzten Jahren Platz: die Suche nach dem leichtesten Komponenten, sprich: Kampf dem Gewicht! Die moderne Technologie- und Materialentwicklung hat hier viel zum Erfolg beigetragen. Die Zauberformel lautet: Leichtmetalle und CFK (carbonfaserverstärkter Kunststoff). Das kennt man inzwischen aus den verschiedensten Bereichen der Technik, vor allem aber von Sportgeräten, aus dem Automobil- und Flugzeugbau – wir werden später darauf eingehen.

Einen zusätzlichen Entwicklungsschub brachte das Mountainbike, das »Rad zum sportlichen Fahren abseits asphaltierter Strecken«. Eigentlich war diese Disziplin von der konservativen Fraktion besetzt durch das Radcross, einer Wettkampfform mit für den Einsatz abseits fester Straßen optimierten Rennrädern, die als Ergänzung für die Winterzeit des »richtigen« Radsportlers gedacht war. Im öffentlichen Bewusstsein galt das jedoch eher als Randsportart.

Das Crossrad ist im wesentlichen ein Rennrad, welches mit stabileren Laufrädern, profilierten, aber immer noch schlanken Reifen, einer modifizierten Schaltung und einer besonderen, weniger verschmutzungsanfälligen Bremse auf »Gelände«, also Wald-, Wiesen- und Feldwege, getrimmt war.

Weltmeisterin Hanka Kupfernagel in ihrem Element – querfeldein!

Interessanterweise kann man in den letzten Jahren in einer Art Renaissance wieder Crossräder in den Bikeshops finden. Die innovationsfreudige Szene jedoch tummelte sich auf den Mountainbikes in Wald und Gebirge. Eben öfter mal was Neues – und für Einsteiger war es kaum einzusehen, dass man sich mit dem Rennrad an Steigungen mit der in der Szene üblichen Getriebeübersetzung so abplagen muss. Geht doch viel leichter mit dem Bike! Die Renaissance kam mit dem Dreifachkettenblatt – auch dazu später mehr.

Es gibt zudem weitere Formen der Spezialisierung, abgesehen vom klassischen Rennrad und der Zeitfahrmaschine, z. B. das Bahnrad, wie es die meisten Laien von den wegen ihres Unterhaltungswertes bekannten Sechstagerennen her kennen. Die Fahrer dieser Maschinen verfügen weder über Schaltungen noch über Bremsen, auch verfügen die Hinterradnaben über keinerlei Freilauf (eine Möglichkeit der sanften Tempoanpassung, da auf der Bahn oft buchstäblich mit Millimeterabständen im Windschatten gefahren wird). Hinzu kommen spezielle Anpassungen wie kürzere Tretkurbeln und wegen der hohen Fliehkräfte in den Steilkurven steifere Laufräder und besonders druckfeste Reifen. Auch auf der Bahn gibt es diverse Disziplinen wie Sprint, Zeitfahren und Steher- bzw. Derny-Rennen mit motorisiertem Windschatten. Darauf genauer einzugehen würde jedoch den Rahmen dieses Buches sprengen.

Allerdings wurden Bahnräder, versehen mit einer Bremsanlage, wegen des starren Antriebs gerne als Tritttechnik-Trainingsmaschinen genutzt. Ein Trend der letzten Jahre sind die sogenannten Fixies, die mit solch einem starren Antrieb als puristisches Rad mit minimalistischer Technik zu kultigem Ansehen kamen.

2. MASCHINE FAHRRAD: ANALYSE EINES SYSTEMS

Im Folgenden wollen wir uns näher mit der Technik des Fahrrades beschäftigen. Wir werden uns ein wenig mit dem technischen Gedanken des Rades an sich und seiner Leistungsfähigkeit auseinandersetzen. Dies klärt einige Voraussetzungen, aus denen dann ein grundlegendes technisches Verständnis der Vorgänge gewonnen werden kann.

In einem zweiten Schritt wollen wir uns den einzelnen Baugruppen zuwenden und dort im Grundsätzlichen und Speziellen auf den Stand der gegenwärtigen Technik eingehen.

So unterschiedlich die Ansprüche an das Rad auch sein können: Oft unterscheiden sich die verwendeten Komponenten nur in ihrer qualitativen Ausprägung. Die Technologie, die verwendet wird, ist oft die gleiche. Um nur ein Beispiel zu nennen: Eine Schaltung unterliegt immer den gleichen konstruktiven Grundsätzen, egal, ob sie von Profisportlern oder von Hobbyradlern genutzt wird. Die Unterschiede liegen dabei vor allem in den verwendeten Materialien, ausgefeilteren Lagerungen und geringerem Gewicht trotz verbesserter Belastbarkeit, weniger aber im Design.

2.1. Physikalische Grundlagen des Systems Mensch-Maschine beim Radfahren

Ein Fahrrad unterscheidet sich grundsätzlich von anderen sportlich genutzten Zwei- bzw. Vierrädern. Warum? Bei einem motorgetrieben Fahrzeug ist der Fahrer lediglich der Lenker bzw. Passagier. Vor allem beim Auto ist das leicht einzusehen: Größe und Gewicht des Fahrers sowie seine körperliche Leistungsfähigkeit spielen eine untergeordnete Rolle für die Leistungsfähigkeit des Fahrzeugs. Selbst bei einem Motorrad ist das Vermögen des Lenkers mehr in der Kontrolle des Fahrzeugs zu sehen.
Anders beim Fahrrad: Der Fahrer ist natürlich auch hier derjenige, der die Kontrolle ausübt. Hinzu kommt aber, dass er zugleich auch der Motor und damit integrierter Bestandteil des Antriebstranges der Einheit Mensch-Maschine ist. Somit ist er zweifach gefordert.

Als drittes kommt hinzu: Ist das Massenverhältnis beim Automobil sehr stark zugunsten der Maschine entschieden (das Fahrzeug wiegt in der Regel 10- bis 30-mal soviel wie der Fahrer), beim Motorrad zumeist noch zugunsten der Maschine (Faktor 1,5- bis 5-mal schwerer als der Fahrer), herrschen beim Fahrrad genau umgekehrte Verhältnisse: Der Fahrer hat den größten Anteil am Systemgewicht. Seine Masse liegt um den Faktor 5 bis 10 über der der Maschine.

Die Suche nach einem leichten Fahrrad wird für viele zur Obsession, und wir wollen gar nicht dagegen reden, ist doch so eine Maschine nicht nur ein Sportgerät, sondern ein Objekt der Begierde, ein technisches Schmuckstück mit eigener Ästhetik. Ein leichteres Rad fährt natürlich besser, das scheint uns allen sonnenklar.

Doch um wie viel verbessert sich die Performance des Systems? Betrachtet man nun das Leistungsgewicht, nämlich das Verhältnis von menschlicher Vortriebsleistung in Watt zum Gesamtgewicht, dann wird schnell klar, dass 1 kg Gewichtsersparnis eine Verbesserung des Leistungsgewichts um 1–1,5 % bedeutet (nachrechnen: 10 kg Fahrrad plus 75 kg Mensch ergibt 85 kg, 1 kg entspricht demzufolge 1,17 %). Dieses eine Kilogramm sind zwar 10 % des Gewichts der Maschine, aber leider fährt diese nicht von alleine. Besser, der Fahrer arbeitet auch an seinem Gewicht und bringt so zusammen mit dem leichten Fahrrad eine bessere Performance auf die Strecke.

Wo aber wirkt sich dieses Leistungsgewicht überhaupt aus? Zunächst beim Beschleunigen. Aber das ist, anders als im Motorsport, kein wirklich wichtiger, wettbewerbsentscheidender Faktor beim Radsport (außer beim Sprint, aber Sprinter gehören ironischerweise überhaupt nicht zu den leichtgewichtigen Fahrern).

Das Radfahren ist von seiner typischen Belastung her von zwei Widerstandsformen geprägt. Die erste ist, weil linear ansteigend, gedanklich leichter zu erfassen: der Rollwiderstand. Dieser ist als die Summe der mechanischen Widerstände des gesamten Systems zu begreifen. Der Motor Mensch stemmt sich in die Pedale, und seine Kräfte werden über die Bauteile des Rades auf die Fahrbahn übertragen und in Vortrieb umgewandelt. Auch hier geht schon Kraft verloren, z. B. durch minderwertige (weil zu elastische oder »schlecht« laufende) Komponenten oder schlecht gewartete Bauteile, allgemein durch Reibung in der Kette oder durch den Rollwiderstand der Reifen und durch »pumpende« Federelemente beim gefederten Rad, was aber in der Rennradszene so gut wie nie vorkommt.

Streng genommen gehört hierzu auch der Berg. Da beim Bergauffahren die Gesamtmasse gegen die Schwerkraft in Höhe gehoben werden muss, muss zusätzlich zum Roll- und Antriebswiderstand der sogenannte Hangabtrieb kompensiert werden. Jedoch ist auch

Mit einem Liegerad wie dem Titan-Kettwiesel von Hase ist man superschnell unterwegs.

dieser ein mechanischer Widerstand und relativ leicht linear zu erfassen.

Da wir aber von Hubarbeit sprechen, sollte gleich jedem ein Licht aufgehen. Wir sprachen vom Gesamtgewicht, und da kommt das große Bingo: Klar, mehr Masse die Steigung hinauf zu wuchten erfordert mehr Energie, mehr Kraft und, da wir es mit einer gewissen Geschwindigkeit zu tun haben, auch mehr Leistung. Gerade hier wird die Gewichtsreduzierung den größten Effekt bringen.

An der Stelle sei auch gleich mit einem alten Märchen aufgeräumt. Ein beliebtes Vorurteil lautet: Wer den Berg mit einer leichten Übersetzung hinauf fährt, der sei ein Weichei. Bei näherer Betrachtung löst sich diese Anschuldigung in Luft auf. Wir sprachen gerade davon, wie schnell jemand die Gesamtmasse Rad plus Fahrer einen Berg hinauf wuchtet. Egal, mit welcher Übersetzung er es tut: Bei gleichem Gewicht und gleicher überwundener Höhe mit der gleichen Geschwindigkeit ist auch die Leistung die gleiche.

Egal, mit welcher Übersetzung gefahren wird!

Wir fassen kurz zusammen: Die Summe der mechanischen Widerstände wird also durch den Rollwiderstand, die Reibungsverluste im Antrieb und durch den Steigungswiderstand gebildet. Das Gewicht oder die Masse des Gesamtsystems geht linear in die Gleichung ein.

Kommen wir zum zweiten Faktor des Gesamtwiderstandes: Dieser ist der aerodynamische oder der Luftwiderstand. Im Gegensatz zum Rollwiderstand steigt er mit zunehmender Geschwindigkeit im Kubik an. Das bedeutet schlicht: doppelte Geschwindigkeit ist gleich achtfacher Widerstand.

Die Möglichkeiten des Radlers, dem zu entgehen, sind, betrachtet man konventionelle Räder – also weder Liegeräder noch HPVs (Human Powered Vehicles – schlicht meist vollverkleidete Liegeräder) –, begrenzt.

Zum einen kann man an der Sitzposition feilen, die aber durch Konvention bzw. Sportgesetz und Pedalierkinematik bzw. Ergonomie festgelegt wird, und zum anderen an der aerodynamischen Durchbildung relevanter Teile des Rades arbeiten. Entscheidend sind hier vor allem die Laufräder (wir kommen später dazu).
Vorhin sagten wir, bei den mechanischen Fahrtwiderständen ginge es nur um die Reibung, aufs Beschleunigen käme es nicht so an, doch das ist zu kurz gegriffen – weil der Radler nicht rund tritt. Der Kraftverlauf im Tretzyklus ist also nicht konstant, sondern durch Drehmomentmaxima geprägt. Wir wollen uns hier nicht zu sehr mit dem Pedalierzyklus auseinandersetzen, aber so viel sei verraten: Durch den »unrunden« Tritt, vor allem bergauf, wird in den drehmomentschwachen Phasen des Tretzyklus durch die Fahrtwiderstände eine Verzögerung, in den drehmomentstarken Phasen eine Beschleunigung gegen die Fahrtwiderstände erzeugt.

Somit muss jedes Mal die Gesamtmasse Fahrer plus Fahrrad und die rotierende Masse der Laufräder wieder auf die Sollgeschwindigkeit beschleunigt werden. Das kostet Kraft. Besonders kräftezehrend, man glaubt es kaum, ist nicht die translatorische Beschleunigung der Gesamtmasse, also die im ständigen Auf und Ab befindliche Fahrgeschwindigkeit, sondern die Beschleunigung der rotierenden Schwungmassen der Laufräder, also deren – wenn man so will – ständig wechselnde Winkel- bzw Drehgeschwindigkeit. Je größer die Schwungmasse der Laufräder, desto größer ihre Trägheit gegen Veränderung der Drehgeschwindigkeit. Je weiter entfernt von der Achse die Massenkonzentration ist, desto bedeutsamer ist sie für die Schwungmasse. So viel sei hier schon verraten: Wer auf leichte Felgen und leichte Bereifung setzt, hat begriffen, worauf es ankommt.

Wo kann man also ansetzen, um den Gesamtwiderstand zu verringern? Die Antworten liegen auf der Hand: Verringerung des Rollwiderstandes (möglichst viel bergab und weniger bergauf fahren!), windschlüpfrige Sitzhaltung (möglichst schmal und tief über den Lenker gebeugt), Laufräder mit guter aerodynamischer Durchbildung, wenig Speichen und leichten Felgen (und rund treten, natürlich!). Dass die Vorschläge mit einer Portion Humor genossen werden sollten, versteht sich von selbst, oder?

2.2. Das Ganze ist mehr als die Summe der Teile: Die Baugruppen des Fahrrades

Wer ein Auto erwirbt, geht davon aus, dass die meisten Teile nicht mit den Bestandteilen anderer Modelle oder Marken austauschbar sind. Man kann so gut wie nie Kotflügel, Türen, Räder, Sitze oder Stoßdämpfer zwischen den Fahrzeugen tauschen, sofern es sich nicht um ein baugleiches Modell handelt. Im Gegensatz zum Automobilbau werden Fahrräder wie zum Beispiel auch Computer aus einem Pool von am Markt erhältlichen, kompatiblen Teilen zusammengesetzt. Nur wenige Hersteller, z. B. Cannondale mit einigen SI- (= »System Integrated«) Komponenten, haben abgesehen vom Rahmen wirklich originäre Komponenten verbaut. Anders ausgedrückt: Die herstellerspezifische Fertigungstiefe ist sehr gering. Viele Radhersteller sind reine Assembler – selbst der Rahmen wird vom Konfektionär (auch wenn hier ab einer Stückzahl x die eine oder andere individuelle Feinheit geliefert wird) bestellt, mit einem eigenen Dekor versehen und dann als Bike XY verkauft. Das muss nicht unbedingt negativ sein; das Angebot an Komponenten aller Art ist breit, und dabei ist auch eine gewisse Qualität zu einem guten Preis zu bekommen. Wer allerdings das Besondere erwartet, ist mit einem solchen Hersteller weniger gut beraten.

Ursache dafür ist die Vorherrschaft der wichtigen Komponentenhersteller. Wenn jedes Teil mit einem anderen kombinierbar ist, bedeutet das riesige logistische Vorteile. Dass dabei der Teufel im Detail stecken kann, steht auf einem anderen Blatt.

Vor allem Shimano hat in dem Bereich, wo wir von einer technologischen Entwicklung sprechen können, eine marktbeherrschende Stellung. Aber es gibt immer noch Nischen, offene Flanken, wo Wettbewerber auftauchen und so stark werden können, dass dem japanischen Riesen Angstschauer über den Rücken laufen. Ein paar Beispiele gefällig? Nehmen wir mal den Markt für hochwertige Rennradkomponenten. Da mischen einige Hersteller mit.

Die Campa Super Record 11 Ti steht für Höchstleistung in Technik und Emotion.

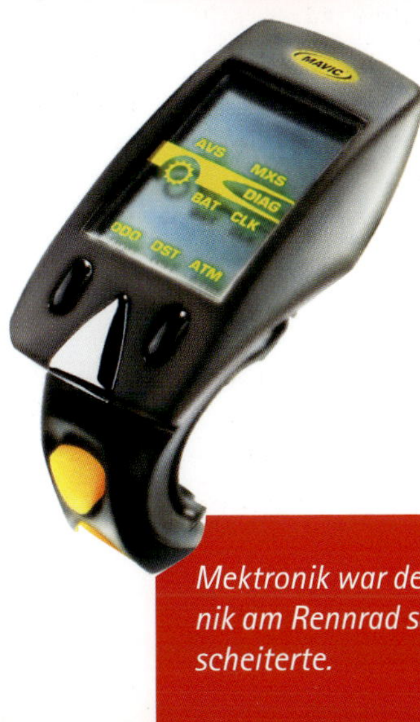

Mektronik war der zweite Versuch, Elektronik am Rennrad salonfähig zu machen – er scheiterte.

Vor allem SRAM und Campagnolo, der Traditionshersteller aus Italien (bei den Mountainbike-Komponenten haben die Italiener zwar eine Zeit lang mitgehalten, aber dann doch aufgegeben – sie hielten es wohl mit dem konservativen Grundsatz »Schuster, bleib bei deinem Leisten«) treiben Shimano beständig zu neuen Anstrengungen, und das nicht nur durch zähes Hinterherhecheln, sondern durch Innovationen! SRAM und Campagnolo setzen neben Aluminium viel auf den Werkstoff Carbon, um das Gewicht nach unten zu bekommen – und sie sind damit den Japanern schon etwas voraus, in der Praxis bedeutet das je nach Wertigkeit der Gruppe etwa 10–15% leichter. Im Klartext: Derzeit wiegen eine SRAM RED oder Super Record Ti (die Achse der Kurbel ist hier optional aus Titan) etwa 1900 Gramm.

SRAM hat hier die letzten Jahre mächtig aufgeholt, und die aus dem Unternehmen Grip-Shift hervorgegangene Marke hat nach der Übernahme des deutschen Traditionsunternehmens Sachs angefangen, den Komponentenmarkt mit hochwertigen Produkten aufzumischen. Die Amerikaner sind in Sachen Design und Ideenreichtum zugegebenermaßen erfreulich innovativ.

Die Fertigung von diversen Teilen wie Brems-/Schalthebeln oder Kurbeln aus Verbundmaterial (sprich Carbon), die Einführung von Zehnfach- und Elffach-

Die sowieso schon sehr leichte SRAM RED-Schaltgruppe wird von vielen Profis gefahren. Die 2012er Ausführung soll nur noch etwa 1800 Gramm wiegen!

Die Ultegra Di2 ist die erste elektronische Schaltung, die sich breiter am Markt durchsetzt – moderater Preis und narrensichere Schaltpräzision zeichnen sie aus.

Antriebsgruppen, leichte und elegante Laufräder (viele unter anderem mit Carbonfelgen), der inzwischen mehr als nur experimentell vollzogene Schritt weg von der Mechanik zur elektrisch angesteuerten Schaltung (was vor Jahren schon Mavic mit der Mektronik mehr oder weniger erfolgreich versuchte) waren oder sind solche Vorgaben.

Ganz abgesehen davon, dass beim Erklingen des Wortes Campagnolo ein geradezu verklärter, tief verwurzelter Mythos mitschwingt, der in einer ruhmreichen Vergangenheit begründet wurde und auch die Neuzeit lange dominiert hat. Wie lange hechelte Shimano dem ersten Tour-Sieg hinterher!

Der aktuelle Stand der Dinge im Wettbewerb um die Krone bei den Rennradgruppen (unter »Gruppe« verstehen wir im Übrigen: das hintere Schaltwerk, den vorderen Umwerfer, Kette, Cassette oder Ritzelpaket, Bremsen und natürlich Brems-/Schalthebel) lautet:

Platz 1: Campagnolo Super Record Ti mit 11-fach Ritzel hinten – wahlweise mechanisch oder als EPS-Variante elektronisch geschaltet. Vorteil des Campa EPS: Man kann alle oder mehrere Gänge auf einen (längeren) Tastendruck in einem Zug schalten.

Auf Platz 2 die Shimano Dura-Ace, auch hier hat die elektronische Variante ein Zusatzkürzel – nämlich Di2. Noch ist die Dura-Ace 10-fach, aber die 11-fach-Ausführung steht schon in den Startlöchern!

Auf Platz 3 das SRAM RED: Die Amerikaner wirken mit ihren 10-fach-Antrieben und der rein mechanischen Ausführung auf den ersten Blick etwas rückständig, sind aber in Sachen Gewicht, Optik und auch Bedienung des Schalthebels (benötigt nur einen Hebel für das Rauf- und Runterschalten) durchaus eine sehr interessante Alternative für »Materialfreaks«.

Um ein anderes Traditionsunternehmen zu nennen, das den Sprung in die Moderne mit nachhaltiger Konsequenz vollzogen hat: Mavic. Dieser Name steht in der Gegenwart als Synonym für Kompetenz im Laufrad- und Felgenbau. Der französische Hersteller hat seit jeher mit Ideen und Produkten rund ums Laufrad die technische Innovation in punkto Naben und Felgen vorangetrieben und in den letzten Jahren das integrierte Produkt, das sogenannte Systemlaufrad, mehr und mehr zum Standard in der Produktion industriell gefertigter hochwertiger Fahrräder gemacht. Noch vor wenigen Jahren galt das vom Fachmann in tradierter, geradezu kunstvoller Handwerkstradition gefertigte Laufrad als das eigentliche Nonplusultra.

Der eigentliche Auslöser war aber die Idee, Räder aus Verbundmaterial herzustellen – ohne Speichen, die locker werden oder gar reißen. Insbesondere der Bereich Aerodynamik wurde zur Spielwiese dieser Versuche, was mit den sogenannten Scheibenrädern (vollformige Laufräder ganz ohne Speichen) auch ganz gut gelang: Die Beruhigung des Luftstromes entlang der seitlichen Flanken machte das Rad spürbar schneller. Aber die Härte des Abrollens! Und der Preis! Und die Seitenwindempfindlichkeit! Und das rumpelnde Geräusch! Das alles ist für ein professionelles Zeitfahren in Ordnung, im Reich des Straßenrennens und der sportlichen Hobbyradlerei mag auf Dauer keiner mit den Scheiben fahren. Aber die aerodynamischen Vorteile, wie sie diese Laufräder bieten, wollte man doch, deshalb kam Campagnolo nahezu zeitgleich mit ein paar verwegenen US-Amerikanern (Zipp, H.E.D.) auf die Idee, es mal mit Fläche plus Speichen zu versuchen. Das erste »Shamal« war geboren, benannt nach einem Wüstenwind, und es schlug ein wie eine Bombe, denn es bot gute Aerodynamik plus geringes Gewicht zu vertretbaren Kosten. Übrigens, Shamal lebt – als Campagnolos Spitzenprodukt für Drahtreifen.

Da der gemeine Radfahrer alles nachmacht, was die »Profis« im Rennen vorführen – was die fahren, muss gut sein – sah man alsbald auch die rennradelnden Vatis mit dem Bierbauch, die nie im Leben einen Schnitt jenseits der

30 km/h schaffen, mit Shamals bzw. deren preiswerten Verwandten, Kopien und Klonen durch die Lande rollen. Mavic zog mit dem Cosmic nach. Und bald waren Aerofelgen in, egal wie schwer – aber mit Aerodynamik hatte das alles nichts mehr zu tun, und leicht waren die hohen Felgen zum klassischen Einspeichen schon gar nicht (wer kennt sie noch, die CXP 30, die Atlantas, die DP 18?).

Aber das war nicht das Entscheidende: Das gute alte Speichenrad war plötzlich rehabilitiert, all die Versuche von Specialized, Spengle und anderen weniger bekannten Herstellern mit 3- bis 5-speichigen Verbundlaufrädern verliefen letztendlich auch qualitativ im Sande. Dann kam die »leichte« Welle: Was Roval vor Jahren mit leichten Aerorädern vorgeführt hatte (witzigerweise waren die nicht mal so weit vom Shamal entfernt, aber das Beharren auf den Schraubkranz brach ihnen nach unserem Erachten das Genick), gipfelt nach ROLFs Sestriere und Mavics Helium im inzwischen sehr beliebten und verbreiteten Mavic Ksyrium, welches es inzwischen in verschiedenen Qualitätsstufen gibt – angepasst an Geldbeutel und an den Anspruch ans Gewicht. Das Ergebnis ist aber bei allen Varianten ähnlich.

Grundsätzlich ist das Systemlaufrad heute neben dem Rahmen die Komponente, welche sowohl die Fahreigenschaft, aber vor allem auch die Optik eines Renners nachhaltig beeinflusst. Da wird viel Geld ausgegeben und demnach wird das Angebot der Hersteller immer größer und anspruchsvoller. Systemlaufräder kommen inzwischen nicht nur aus Europa, sondern auch aus Fernost (Japan und Taiwan) und aus den USA – jeder will ein Stück vom Kuchen haben.

Aber da gibt es noch das Thema Carbon. Klassischerweise fertigte man aus der leichten Faser Scheibenräder bzw. starre Verbundräder – das ist bis auf eine nennenswerte Ausnahme, nämlich Xentis, Geschichte; nur die Scheiben haben beim Zeitfahren überlebt.

Campa Bora, der Traum vieler Rennradfahrer. Ihn gibt es inzwischen in den verschiedensten Ausführungen, was Felgenhöhe und Design anbelangt – top sind sie alle!

Das Look-Pedal veränderte den Radsport maßgeblich.

Aber Felgen könnte man doch machen aus dem Wunderstoff, oder? Leicht, stabil – trotz aller Probleme mit der Bremsflanke und dem Wunsch nach Drahtreifen ist der Fortschritt auch in diesem Sektor nicht aufzuhalten. Campas schon zitierte Bora, Zipp, Easton, Look, Shimano, Lightweight und viele andere mehr haben sich mit mehr oder wenig Erfolg daran versucht oder tun es noch. Oder nehmen wir die sogenannten Clipless-Pedale: Look war der erste, der ein solches System erfolgreich auf den Markt bringen konnte, so erfolgreich, dass sogar Hersteller wie Shimano und Campagnolo Lizenzen lösten oder Look-Produkte labelten, d.h. fremde Produkte kaum modifiziert unter dem eigenen Markenzeichen vertrieben.

Eins ist jedoch gewiss: Das Imperium schlägt zurück! Und wenn irgendwo ein lukratives Produkt implementiert wird, dann wird dieses Thema irgendwann von Shimano aufgegriffen – in der Regel erfolgreich. Auf diese Weise bleibt der Wettbewerb spannend, und die Rennradfans profitieren vom daraus resultierenden technischen Fortschritt.

Wenn wir im folgenden Kapitel auf bestimmte Komponenten zu sprechen kommen, wollen wir immer auch ein wenig auf deren Historie eingehen und das Ganze mit der einen oder anderen Anekdote würzen. Die Entwicklung zur Hochtechnologie der Gegenwart verlief keineswegs ohne Irrtümer und Kuriositäten. Und, das sei gesagt, nicht nur die Entwickler irrten sich, auch der Markt fällte Entscheidungen, die schlicht falsch waren.

Der Stand der Technik wird definiert durch Materialien und Technologien. Wir werden diese immer auch danach bewerten, inwieweit sie der Performance, der Leistungsfähigkeit der Maschine bezogen auf unsere Absichten, dienen.
Ganz allgemein aber wollen wir uns zunächst den Komponenten des Fahrwerks zuwenden. Zum zweiten schauen wir uns die Komponenten des Antriebs an, und in einem dritten Schritt kommt der »Rest« dran, ergonomische Komponenten und schließlich all die Dinge, die den alltäglichen Umgang mit dem Fahrrad leichter machen. Diese Einteilung ist unkonventionell, erleichtert aber das Verständnis für die Funktionen. Wir gehen sozusagen von innen nach außen vor. Das Fahrrad ist eine Fahrmaschine, und unsere Wünsche, die wir mit dem Rad verwirklichen wollen, beginnen innen, bei unseren Absichten betreffend dem Fahren.

2.2.1 Fahrwerk

Für viele ist es unverständlich, und doch ist es eine Binsenweisheit: Der Rahmen macht das Fahrwerk, so sagt man. Wir wollen das weiter präzisieren: Das Fahrwerk (wir lassen es mal so stehen; gemeint sind Rahmen und Gabel mit Steuersatz) macht das Fahrrad. Die grundsätzlichen Eigenschaften werden nicht durch die Komponenten der Antriebstechnik definiert.

Die Bestandteile des Fahrwerks sind der Rahmen mit Radführungen und die Räder. Oder etwas präziser ausgedrückt:

- Rahmen
- Gabel
- Steuersatz

  plus:
- Laufräder
- Bereifung

Also, lasst uns beginnen!

2.2.1.1. Rahmen

Der Rahmen, das Herzstück des Rades ist die erste Komponente, die wir untersuchen wollen. Dabei wollen wir historisch vorgehen, um seine Entwicklungslinien nicht nur nachzuzeichnen, sondern auch zu begreifen und bestimmte Details in ihrer Ausprägung besser zu verstehen.

Natürlich war es von jeher ein konstruktiver Grundsatz, muskelkraftgetriebene Fortbewegungsmittel – ganz abgesehen von der Fertigungs- und Materialökonomie – nicht nur stabil, sondern auch leicht zu bauen. Der klassische Maschinenbauprofessor dozierte: »Wer leicht bauen will, baut mit Stahl!« Das ist, mehr als hundert Jahre zurückgedacht, nachvollziehbar. Auch wenn von Drais' Ur-Rad größtenteils aus Holz gefertigt war, war bei Veloziped und Hochrad mit dem Stahl das Material der Stunde gefunden. Und Ende des 19. Jahrhunderts galt Stahl nicht zuletzt dank Eiffels Turm in Paris als das High-Tech-Material. Beginnen wir also mit:

Stahl

Die Erscheinung des klassischen Rennrads ist geprägt vom Stahlrahmen. Entgegen der heutigen Neigung zum Schweißen waren Rennradrahmen üblicherweise gelötet. Bei oberflächlicher Betrachtung ließ sich die Frage nach der Qualität eines Rahmens über die verwendeten Materialien beantworten.

Erster Gedanke bei der Definition des Rahmens war: Was für ein Rohrsatz ist da verbaut? Welcher Hersteller, welche Konfektionierung? Und welche Muffen? Und welches Lot? Und weiter: Wie wurden diese Rohre, diese Muffen, dieses Lot verarbeitet? Wer konnte schon Auskunft geben über die Fähigkeiten des Mannes am Lötbrenner? Aber wir greifen vor – bleiben wir zunächst bei den Rohren und ihren Herstellern.

Der berühmteste aller Hersteller war Columbus, eine italienische Firma (natürlich!), die Rohre und Rohrsätze für den Rahmenbau in allen erdenklichen Qualitäten lieferte. Selbst für Otto Normalverbraucher, der mal irgendwo ein paar Brocken Radchinesisch aufgeschnappt hatte, war Columbus ein Begriff. Andere große Hersteller waren Oria, Mannesmann, Tange, Reynolds und Vitus, um nur die bekanntesten zu nennen.

Anhand der Rohrsätze lassen sich auch sehr gut die Bezeichnungen für die Elemente des Rahmens darstellen. Zentrum des Rahmens ist das Rahmendreieck (was ein wenig gemogelt ist, denn eigentlich ist es ein Viereck), bestehend aus den drei Hauptrohren Oberrohr, Unterrohr und Sattelrohr sowie dem immer ein wenig in der Wertschätzung vernachlässigten Steuerrohr.

Dazu kommen die Muffen: die zwei Steuerrohrmuffen, die Sattelmuffe, die Tretlagermuffe. Aber damit ist der Rahmen ja noch nicht fertig. Hinten dran gebaut wird, verbunden mit den beiden letztgenannten Muffen – wie soll er sonst heißen – der Hinterbau.

Er besteht aus den Kettenstreben und den Sattelstreben. Dazu kommen der Bremssteg zur Aufnahme der hinteren Bremse und die hinteren Ausfallenden. Die Ausfallenden stellen die Aufnahmen für die Achsen der Laufräder dar. Zu jener Zeit waren auch die Gabeln elementarer Bestandteil der Rahmenbaukunst, und ein Rohrsatz umfasste oft auch die konstruktiven Elemente der Gabel.

Gios-Stahlrahmen: Ein echter Klassiker!

Diese sind:
- Gabelschaftrohr
- Gabelscheiden

Dazu kommen Gabelmuffe und die vorderen Ausfallenden.
Mit den Gabeln wollen wir uns später noch intensiver beschäftigen.

Die Frage nach der Rohrqualität ist mit der Nennung des Herstellers natürlich nur unzureichend beantwortet.

Also haken wir nach: um was für Material handelt es sich? Reden wir über einfachen HiTen-Stahl wie beim Columbus Aelle oder über das sehr geschätzte CroMoly wie beim legendären SLX-Rohr? Oder über die High-Tech-Stahllegierung Nivachrom des Genius-Rohrsatzes? Je hochwertiger das Material, desto größer die Festigkeit, desto geringer konnten die Wandstärken ausfallen – beim ebenso legendären 753er Reynolds gab es Wandstärken herunter bis zu 0,3 mm im Oberrohr – wer sagt, dass der »Coladosen-Effekt« eine Erfindung des Alu-Zeitalters sei? Noch mal: Natürlich boten die hochwertigen Rohrsorten erhöhte Festigkeit, anders ausgedrückt höhere Zugfestigkeit des Materials und eine dabei höhere Streckfähigkeit – noch mal anders ausgedrückt: Schutz vor Schädigung des Rahmens durch Biegen und Dehnen. Aber – und das sei ausdrücklich erwähnt – sie bieten keine Erhöhung der Steifigkeit, ganz im Gegenteil, zum Teil mindern sie diese sogar! Denn alle diese Stahlsorten sind nur gering legiert, das heißt die Beimischungen zum Grundmaterial Stahl liegen bei einem niedrigen Prozentsatz, ca. zwischen 0,5 und 2,5 %.

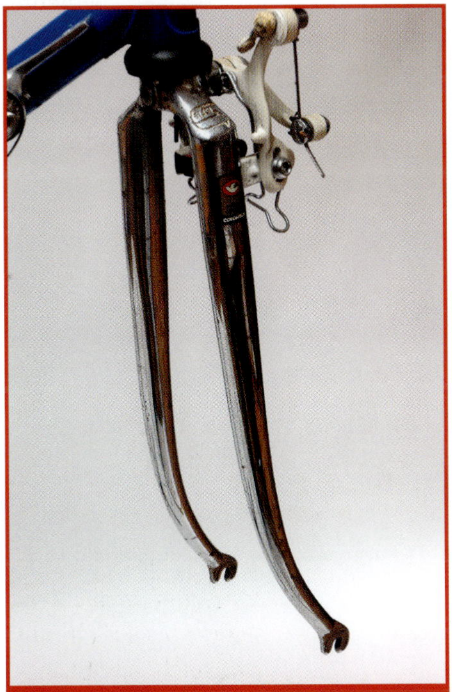

Schlanke Stahlgabel am Moser-Rennrad – vor 25 Jahren ein Hit!

Die Widerstandsfestigkeit eines Stahlrohres gegen Verbiegen (elastisch) oder Verdrehen (Torsion) hängt nicht von der Stahlsorte, sondern ausschließlich vom Durchmesser und der Wandstärke des verwendeten Rohres ab (ingenieurmäßig gefasst wird das im sog. Flächenträgheits- bzw. Widerstandsmoment). Bei gleichem Durchmesser ist das Rohr mit geringerer Wandstärke auch weniger biegesteif, also »weicher«!

Im Material versteckt ist auch die Empfindlichkeit gegen Überhitzen beim Löten: Überhitzte Rohre neigen dazu, in der Wechselbiegefestigkeit schlechter zu werden – das bedeutet weniger Lebensdauer.

Ein anderer wichtiger Punkt war die sogenannte Konfektionierung der Rohre. Handelte es sich um geschweißtes oder nahtlos gezogenes Rohrmaterial? Die hochwertigen Rohrsorten waren samt und sonders »nahtlos« gezogen. Das Herstellen der Rohre erfolgt durch Ziehen (meist) und Hämmern. Durch einen mechanischen Streckvorgang wird aus einem kurzen, dickwandigen Rohling ein immer längeres, schlankeres Halbzeug, das dann irgendwann die Abmessungen eines Rahmenrohres besitzt.

Aber damit nicht genug: Bald kamen erfinderische Ingenieure auf die Idee, Rohre mit wechselnden Wandstärken zu produzieren, eher dickwandig an den hoch beanspruchten Stellen – den Verbindungsstellen des Rahmens, vor allem am Steuerrohr und in der Tretlagerzone –, um auf diese Weise hohe Dauerfestigkeit mit geringem Gewicht zu paaren.

Wir sprachen vom Löten: Um all die Rohre zu einem stimmigen Ganzen zu fügen, waren sogenannte Muffen nötig. Dies sind in der Regel geschmiedete Verbindungsstücke aus Stahl, die durch sinnvolle Formgebung eine innige Verbindung zwischen Rohren und Muffen durch Löten ermöglichten. Auch gegossene Muffen gab es, und einer der bekanntesten Muffenhersteller, Cinelli, glänzte mit seinen in einem Feingussverfahren hergestellten Mikrofusionsmuffen, die vor allem im Tretlager eingesetzt wurden. Speziell die Ausarbeitung der Muffen mit Durchbrüchen, oft mit dem Logo des Rahmenbauers feinziseliert, und der fein auslaufende Zuschliff der Muffenzungen ließ das Herz des Radfreundes höher schlagen. In diesen Bereich fallen auch die sogenannten Ausfallenden, die am Ende des Rahmens bzw. der Gabel zur Aufnahme des Laufrades dienen. Sie sind im Falle hochwertiger Rahmen ausnahmslos geschmiedet.

Anders als beim Schweißen wird das Rohr- und Muffenmaterial nicht geschmolzen, sondern ein Lötmaterial, das sogenannte Lot, als Medium in den verbliebenen Spalt eingebracht. Beim Lot handelt es sich um ein relativ niedrig schmelzendes Gemisch aus verschiedenen weichen Metallen wie Messing, Kupfer, Zinn, Blei und Silber und noch einigen anderen Bestandteilen. Anders als beim Verlöten von Kabeln bei elektrischen Basteleien wird jedoch im Rahmenbau kein Weich-, sondern sogenanntes Hartlot verwendet, dessen Schmelzpunkt bei ca. 600 (Silberlot) bis 700 (Messinglot) Grad Celsius liegt. Wichtig ist auch das

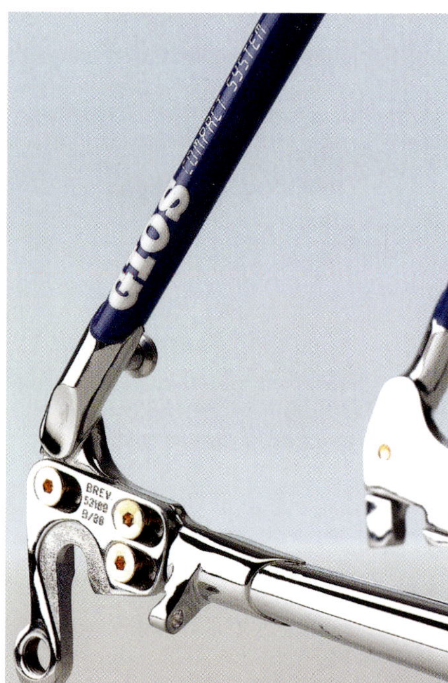

Handwerkskunst in geschmiedetem Stahl: Verstellbares Ausfallende am Gios Compact.

sogenannte Flussmittel, das eine molekulare Benetzung des Lotes mit den Rohren und Muffen ermöglicht – eine Art chemische Reinigung, die die Oberfläche der zu verbindenden Stellen frei von Oxidationsresten macht. Löten ohne Flussmittel produziert keine stabile Verbindung, es stellt nur eine Art von Verkleben durch aufgeschmolzenes und erstarrtes Lot dar. Eine solche »kalte« Lötstelle hat keine auch nur annähernd den Ansprüchen des Rahmenbaus genügende Festigkeit.

Das Löten stellt eine Kunst eigener Art dar, die inzwischen nur noch von wenigen Handwerkern perfekt beherrscht wird, denn es ist entscheidend für eine gute Lötverbindung, die benötigten Verbindungsstellen zügig und gleichmäßig auf die für das Schmelzen bzw. Fließen des Lotes benötigte Temperatur zu bringen, ohne sie zu überhitzen oder zu lange der notwendigen Temperatur auszusetzen. Denn je nach Stahlsorte reagieren die Rohre empfindlich auf zu langes oder vor allem zu hohes Erhitzen: Gefügeveränderungen und Versprödung des Rohres drohen, und damit ist eine Verkürzung des Rahmenlebens vorprogrammiert. Nicht unerwähnt bleiben darf auch die erhöhte Bruchgefahr!

Als es, vor allem durch die Einmischung der Asiaten ins Geschäft des Rahmenbaus (die wiederum durch das Mountainbike bedingt war), zu vermehrtem Einsatz des Schweißens im Rahmenbau kam, fand die Lötbrennerfraktion auch hier eine Antwort: Der muffenlose Lötrahmen wurde möglich durch hochfeste, thermisch stark belastbare Rohrsorten, die im Filled Brazing-Verfahren per Nickellot zu Kunstwerken von besonderer, fließender Schönheit komponiert wurden. Wer je einen Rahmen etwa von Meister Ritchey, DeKerf oder Krautscheid im Rohzustand bewundern durfte, versteht, was wir meinen.

Irgendwann war der Stahl ausgereizt, auch wenn heute gerne aus optisch-handwerklichen Gründen wieder etwas mehr aus den eleganten »Eisenrohren« fabriziert wird, beispielsweise trendige Singlespeed- und Urbanbikes im Retrolook. Bereits die letzten Entwicklungen wie Nivachrom waren übrigens eine Reaktion auf die Jagd nach der Reduzierung des Rahmengewichts bei gleichzeitiger Erhöhung der Steifigkeit, denn hier waren abgesehen vom High-Tech-Stahl auch erhöhte Rohrdurchmesser en vogue. Aber das war schon eine Reaktion der Jünger des Stahls auf einen anderen Trend im Rahmenbau: die Suche nach einem Entwicklungssprung in punkto Gewicht ohne Verlust der Festigkeit bzw. Steifigkeit. Inzwischen hatte die Materialwissenschaft seit den Anfängen des Fahrradbaus – nicht zuletzt dank der Luftfahrt – erhebliche Fortschritte gemacht. Anders als im klassischen Maschinenbau waren in den Hirnen der Flugpioniere wesentlich weniger Denkverbote implantiert. Die ersten Ganzmetallflugzeuge waren demzufolge nicht aus

Stahl, sondern aus Aluminium bzw. entsprechenden Legierungen gefertigt. Bei der radelnden Zunft dauerten bestimmte Dinge einfach länger, aber irgendwann kamen sie nicht mehr herum um einen neuen Werkstoff, nämlich das Leichtmetall.

Leichtmetall: Aluminium, Titan

Natürlich fiel dem Suchenden sehr schnell das Aluminium als Werkstoff ins Auge. Denn Aluminium ist leicht: Das spezifische Gewicht von Aluminium beträgt nur ein Drittel von dem des Stahls.

Aber die Verarbeitung – und die Tradition! Alles sollte so sein wie bisher – nur besser. Der optische Eindruck des grazilen Stahlrahmens sollte erhalten bleiben. Das war ein aus heutiger Sicht elementarer konstruktiver Fehler: Man »verstand« Aluminium zu jener Zeit zu wenig, und so kam es zu den fragilen Gebilden von Vitus und Alan, die zwar gute Rolleigenschaften und exzellenten Komfort, aber wenig Seiten- und Antriebssteifigkeit boten.
Damit sind wir an einem Punkt angelangt, wo wir ein wenig innehalten und nachdenken sollten und einen kleinen Exkurs in die Physik und Mechanik machen müssen. Was erwarten wir denn von einem Rahmen? Jeder Radlerzeitschriftenleser weiß natürlich gleich die Antworten: leicht, steif, gutes Stiffness-to-weight-Verhältnis. Eine klare Antwort, leicht überprüfbar, leicht zu messen.

Aber stimmt das wirklich? Ist das wirklich das, was wir brauchen? Das, was das Radfahren zum Erlebnis werden lässt? Gehen wir mal ein wenig an die Begriffe heran. Die Leichtigkeit messen heißt, das Ding an die Waage zu hängen und zu schauen, wie viel es wiegt – wahrlich kein Problem.

Die Steifigkeit prüfen heißt, das Ding zu verbiegen und zu schauen, wie viel Kraft es braucht, um den Rahmen um einige Winkelgrade zu verdrehen oder der Seite nach um einige Millimeter elastisch zu verformen. Dazu muss man den Rahmen sinnvoll in eine passende Apparatur einspannen, definiert belasten, elastisch deformieren und die entsprechende Verformung messen. Das Verhältnis Stiffness/Weight heißt, die elastische Verformung des Rahmens mit dem Gewicht zu verrechnen. Ziel ist es, ein möglichst günstiges Verhältnis zwischen Gewicht und Steifigkeit zu erzielen.

Warum soll der Rahmen möglichst leicht sein? Damit der Fahrer neben seinem Bierbauch nicht soviel Masse die Berge hinauf wuchten muss. Die hochwertigen Rahmen unterscheiden sich voneinander maximal um den Gewichtsbetrag einer Trinkflaschenfüllung. Kein faires Argument? Nicht mehr oder weniger fair als die für selbstverständlich genommene Behauptung, leicht sei gut.

Warum soll der Rahmen möglichst steif sein? Damit weniger Energie in die Verwindung des Rahmens gepumpt wird als in die Kette, also mehr Energie für den Vortrieb zur Verfügung steht – am Berg, im Wiegetritt, beim Sprint. Der eine oder andere wird nun denken: »Ach, deswegen bin ich letztens am Ortsschild ›versenkt‹ worden – mein Rahmen ist zu weich!« Da die Rohre in der Regel einen runden Querschnitt haben, heißt steif aber auch, dass Festigkeit und Steifigkeit lateral und vertikal miteinander gesteigert werden. Und das bedeutet zugleich weniger Elastizität und damit weniger Komfort. Aber nach dem gegenwärtigen Stand der Diskussion in den Medien andererseits mehr Sicherheit. Wir wollen dies zunächst nicht kommentieren, werden es später aber in Verbindung mit dem Phänomen des Rahmenflatterns diskutieren.

Aber wir waren beim Rahmen und der Suche nach neuen Materialien stehen geblieben. Aluminium sollte der neue Stoff sein, aus welchem die zweirädrigen Träume gefertigt werden. Das spezifische Gewicht von Aluminium beträgt wie gesagt nur etwa ein Drittel von dem des Stahls, bietet aber etwa die halbe Festigkeit, und durch diese Differenz sollte sich genügend Spielraum finden lassen für die Suche nach Verbesserungen.

Die Idee, den Rahmen nach dem optischen Muster des klassischen Stahlrahmens zu fertigen, erwies sich schnell als Sackgasse (auch bei den beiden anderen »neuen« Materialien Titan und Carbon, das sei hier schon einmal angemerkt). Die Begründung liegt im sogenannten Elastizitätsmodul. Dieser stellt das Maß für die elastischen Eigenschaften eines Werkstoffes dar, oder anders ausgedrückt für seinen Widerstand gegen elastische Verformung.

Stellen wir uns zwei Rohre vor, eins aus einer Stahllegierung (entsprechend dem verwendeten Rohrmaterial), eines

Formvollendet: Rohrübergänge an einem älteren Müsing-Rennrad.

aus einer Alulegierung, mit gleichem Durchmesser und gleicher Wandstärke, und versuchen, diese zu verbiegen. Dann hat das Stahlrohr eine um ein Mehrfaches höhere Biegesteifigkeit, dafür wiegt das Alurohr auch nur etwa ein Drittel des Stahlrohres. Man kann nun mehrere Wege gehen, um das Problem der mangelnden Steifigkeit dieses Alurohrs zu lösen. Man kann einfach die Finger vom Aluminium lassen, wie es die meisten Rahmenbauer in ihrem konservativen Verhaltensmuster taten. Oder aber man kann beim Alurohr die Wandstärke oder den Rohrdurchmesser erhöhen. Nach dem Muster »nix Halbes und nix Ganzes« versuchten die beiden obengenannten Firmen Vitus und Alan wie auch in Deutschland etwa die Firma Kettler, eine sehr maßvolle Vergrößerung des Rohrdurchmessers mit einer Erhöhung der Wandstärke so zu kombinieren, dass bei akzeptabler Steifigkeit ein geringeres Rahmengewicht resultiert.

Man wollte ja den konservativen Augen der Rennradfans vormogeln, dass einerseits alles beim Alten bleibt (schlanke, grazile Optik), andererseits aber alles auch besser wird (geringeres Gewicht, das liebt der Rennradfan genauso), und dabei nichts schlechter wird (akzeptable Steifigkeit), also dass »anders« nicht schlechter, sondern besser bedeutet.

Cannondales erster Auftritt: Aluminium-Touren-Rennrad.

Die Akzeptanz des Aluminiums war mäßig, zumindest in Deutschland. Denn große Namen – auch die liebt der Rennradfan an seinem Rad – waren das alles nicht. Außerdem glaubte man zu jener Zeit vor allem ans Kleben (was unerhört mutig war und letztlich auch richtungsweisend, wenn auch noch etwas zu früh, denn diese Art der Verarbeitung etablierte sich erst im Zeitalter der Verbundwerkstoffe), weil das Löten, die klassische Methode im Rahmenbau, bei Aluminium nicht funktioniert und Schweißen dicke hässliche Nähte produziert und überhaupt etwas für den Rahmenbau Anstößiges darstellt. Und das Schweißen von Aluminium mit Schutzgas war zu jener Zeit zugegebenermaßen etwas Exotisches, nichts, womit sich ein Rahmenbaukünstler die Finger verbrannte. Aber es gab auch Menschen, die auf den alten Käse pfiffen und denen einerseits instinktiv, andererseits auf ingenieurswissenschaftlicher Basis klar war, dass ein anderes Material eine andere Verarbeitung und Rahmenoptik bedeutet. Zwei von ihnen waren – wie sollte es anders sein – Amerikaner, der Dritte ein Deutscher. Sie alle waren bald in aller Radfahrer Munde. Einer hieß Gary Klein – so nannte er auch seine Rahmen. Joe Montgomery, mindestens ebenso radikal veranlagt, gründete die Firma Cannondale. Und der Dritte war ein Deutscher namens Bernd Müsing. Alle drei Markennamen sind wohl jedem informierten Radfreund ein Begriff.

Was zeichnete die drei aus? Zum Geistesblitz »Aluminium richtig eingesetzt« kam auch eine unbekümmerte Abkehr von der alten Optik, denn der neue Werkstoff fordert große Rohrdurchmesser, dünne Wandstärken und Meisterschaft im Schweißerhandwerk. Und alle drei hassten die dicken Raupen, die zwischen den Rohren um die Fügestelle krochen, weshalb Mr. Klein ein besonderes Schweißverfahren entwickelte, Herr Müsing aber auf Verschleifen setzte und Mr. Cannondale auf verschliffene und verputze Nähte. Von der Optik her war der Cannondale-Rahmen der radikalste: Sein Werkstoff Aluminium wurde durch das bald allgemein stilbildende »fette« Unterrohr besonders radikal als Markenzeichen in Szene gesetzt.

Allen drei Rahmen war gemeinsam, dass sie wirklich »überlegen« waren. Und so kam der Markterfolg, wobei jeder zusätzlich etwas Besonderes bot, das kein Mitbewerber hatte. Bei Klein waren es die extrem stabilen Zweikomponentenlackierungen von unglaublich tiefem und haltbarem Glanz sowie die besonders massive und stabil gelagerte Tretlagerwelle, bei Müsing eine auch heute noch das Auge betörende harmonische Formgebung, und bei Cannondale das dicke Unterrohr und die ebenso monströs wie raffiniert überhängenden, die Härte des Rahmens kompensierenden Ausfallenden. Der Rest ist Geschichte: Aluminium ist Standard, die drei Pioniere sind immer noch an Bord, selbst nach etlichen

Achterbahnfahrten des Wirtschaftslebens. Die Qualitätsmerkmale von Alurahmen sind, abgesehen vom Material (welcher Rohrsatz, welche Legierung), natürlich Gewicht und Verarbeitung: Laserschnitt oder Fräsung, Schweißverfahren, Wärmebehandlung.

Gerade letztere ist ein wichtiges Geheimnis der Alurahmen-Fertigung. Wirklich hochwertige Alurahmen werden nach dem Schweißen nicht nur gerichtet – das muss mit jedem thermisch gefügten Rahmen wegen des erheblichen Wärmeverzugs gemacht werden. Bestimmte Rohrsorten sind vor dem Schweißen relativ weich, der Rahmen kann mit recht geringen Kraftanstrengungen ausgerichtet werden. Nach dem Schweißen und Ausrichten werden die Rahmen einer Wärmebehandlung (bei manchen Rohrsorten handelt es sich um einen Prozess, der bis zu 14 Stunden in Anspruch nimmt und auf bis zu 450 °C hinaufreicht) mit definiertem Aufheizen und ebenso definiertem Abkühlen unterzogen. Danach sind sie nicht nur gerade, sondern auch spannungsfrei und ausgesprochen stabil. Denn Schweißnähte sind Alubauers Sorgenkind, eine Alunaht hat in der Regel kaum 50% der spezifischen Festigkeit des Rohrgrundmaterials, das richtige Schweißgut vorausgesetzt! Vor allem nicht getemperte Schweißungen neigen zu verfrühter Rissbildung.
Auch der Wandstärkenverlauf ist bei Alurohren ein spezieller Punkt. Endverstärkte Rohre können durch Schmieden, Hämmern oder Drücken erzeugt werden, ebenso konifizierte Rohre, also solche mit sich im Verlauf ändernden Durchmessern. Da Aluminium weicher ist als Stahl, sind die Umformungsmöglichkeiten auch weniger begrenzt: Der letzte Schrei auf dem Umformungsmarkt ist das sogenannte Hydroforming, mit dem auch kompliziertere Rohrformen erzeugt werden können, die so nicht nur neue, modische Trends ermöglichen, sondern besonders leichte und zugleich belastungsgerechte Rohrformen, was z. B. das Aufschweißen von Verstärkungselementen überflüssig machen kann.

In Sachen Aluminium kursieren auch die verrücktesten Gerüchte um die Legierung: 6000er Serien sind schlechter als 7000er Serien oder das sagenumwobene Scandium. Letztlich handelt es sich immer um Legierungen, deren Bestandteile die Eigenschaften des Aluminiums – welches in reiner Form zumindest im praktischen Alltag nicht verwendet werden kann – bestimmen. Das weit verbreitete 6061 Alu ist gut verformbar, während das 7005er beispielsweise »einfacher« in der Handhabung beim Schweißen etc. ist. Mit Qualität hat das nichts zu tun – es kommt immer auf die Verarbeitung, Konstruktion und Handwerkskunst an, ob ein Rahmen mehr oder weniger gut ist. Scandium oder das früher eingesetzte Titanal sind im Übrigen auch Alulegierungen, die durch geringste Beimengung (nur ein geringer Prozentsatz) von eben Scandium oder Titan die Materialeigenschaften insofern verändern, dass das Alu härter oder zugfester wird. Man kann theoretisch leichtere Rahmen bauen, weil man schlicht dünnwandigere Rohre verbaut, die die gleichen Zugkräfte aufnehmen können – allerdings mit dem großen Nachteil, dass diese dann bei gleichen Rohrdimensionen auch biegsamer sind, denn der E-Modul (das Maß für die Elastizität eines Werkstoffes) von Alu bleibt prinzipiell gleich!

Aber da gibt es doch noch so ein Wundermaterial: Titan. Wie ist das nun beim Titan als Rahmenmaterial?

Titan hat in etwa das halbe spezifische Gewicht von Stahl, aber entsprechend legiert eine ähnliche Zugfestigkeit wie hochwertige Stähle. Trotzdem ist es recht elastisch, mechanisch hart und außerordentlich korrosionsbeständig, womit die Notwendigkeit des Lackierens entfällt. Nicht lachen – eine Lackierung wiegt auch so ihre 150 bis 250 Gramm und das tief schimmernde Grau eines gebürsteten oder gestrahlten Titanrahmens hat schon was!

Aber Titan hat auch seine Macken. Zunächst ist da die schwierige Verar-

Der extrem ausgereizte Titanrahmen des 2006er Litespeed Ghisallo wog gerade mal 770 Gramm – allerdings nur für leichte Fahrer wirklich fahrbar!

beitung. Es fräst, sägt und bohrt sich ausgesprochen schlecht, da es auch unvergütet sehr, sehr hart und zäh ist – was ja grundsätzlich für die Verwendung als Rahmenrohstoff spricht. Und es lässt sich nur sehr schwer umformen, also schmieden, ziehen und biegen. Auch mit dem Schweißen ist das so eine Sache, denn ohne spezielle Schutzgasausrüstung geht da gar nichts – und Titan schweißen lernt man auch nicht an jeder Ecke. Ein Rahmen aus Titan ist also teuer.

Noch einen Haken hat Titan: Der E-Modul schlägt auch hier zu. Verglichen mit Stahl ist Titan relativ elastisch. Für den Fahrkomfort wäre das ja gut. Aber nicht für den Geldbeutel. Das Umformen von Titan zu dünnwandigen Rohren ist teuer, und die Fertigung endverstärkter Rohre aus Titan ist nicht nur teurer, sondern doppelt teuer (man frage nach bei Meister Serotta!). Und ohne diese Lösung fällt der Gewichtsvorteil nicht mehr gar so überzeugend aus wie bei Aluminium.

So bleibt Titan eine teure Angelegenheit. Ein wenig aus dem Rahmen fällt da Kocmo – gesprochen Kosmo. Titan aus Russland – nach dem Fall des Eisernen Vorhangs wandten sich einige Spezialisten aus der Luftfahrtindustrie dem Bau hochwertiger Fahrradrahmen zu – bereichert seitdem die Palette des Angebots. Leider hat das »Russentitan« nicht den Stellenwert, den es aufgrund seiner hervorragenden Qualität haben könnte. Radfahrer sind konservativ, und Kocmo ist nun mal kein großer Name.

Stahl, Aluminium, Titan – da war doch noch was? Ja, richtig! Wir leben ja im Zeitalter der Verbundwerkstoffe (wie vorhin bereits angedeutet, als es ums Kleben ging). Nennen wir das Kind beim Namen: faserverstärkte Kunststoffe, Verbundwerkstoffe oder auch ganz alltäglich: Carbon.

Carbon

Carbon ist das Zauberwort, das mehr und mehr die Radfahrerherzen höher schlagen lässt. Die Eurobike – eine der bedeutendsten Messen für Fahrrad-High-Tech – steht seit Jahren immer wieder im Zeichen der schwarzen Wunderfaser. Was es da so alles aus dem »schwarzen Radlergold« zu bestaunen gab: Rahmen (sowieso), Gabeln, Federgabeln mit Carbonkrone (RockShox), Laufräder, Felgen, Naben, Sattelstützen, Sättel, Lenker, Vorbauten, Brems-/Schalthebel, Bremshebel, Kurbeln, Kettenblätter, Pedale, Schaltwerke, Umwerfer, Flaschenhalter, Steuersatzteile, Spacer, Luftpumpen ... Carbon schwarz, Carbon silbern, Carbon farbig. Wir leben im Carbon-Zeitalter! Was aus dem Wunderstoff gemacht werden kann, wird auch daraus gemacht, auf Teufel komm raus. Ob das im Einzelfall immer sinnvoll ist, sei dahingestellt.

Aber Carbon ist bezahlbar geworden. Und das macht auch die sinnvollen Anwendungen erschwinglich. Aber wir wollen vorne anfangen. Am Beginn der Geschichte steht wieder der Rahmen. Die Ansätze waren die selben wie beim

Aluminium: Carbon galt von Anfang an als das High-Tech-Material. Assoziationen wie Luftfahrt, Weltraum und Formel 1 kommen in den Sinn. Einer der ersten, die Carbon im Rahmenbau einsetzten, war Kestrel in den USA. Bis heute wirkt jenes Rad zeitlos, elegant, überlegen.

Als Kestrel sich anschickte, die ersten Rahmen zu fertigen, waren bereits erste Versuche mit glasfaserverstärktem Kunststoff gemacht worden – aber Glas war eben zu schwer. Heute ist das nur wenigen bewusst, aber zu jener Zeit war GFK ein Technologiebegriff, der ebenso als futuristischer Wunderstoff durch das technische Bewusstsein geisterte wie heute Carbon.

Auch in Europa ging man daran, sich mit dem neuen Wunderwerkstoff anzufreunden. Alan und Vitus waren schon immer ein wenig mutiger als der Rest; bei ihnen entstanden grazile Rohrgebilde, die der stählernen Eleganz kaum nachstanden, aber erheblich weniger Steifigkeit bei erheblich mehr Komfort boten. Nicht nur spanische und kolumbianische »Bergziegen«, auch der »Zielstrichorkan« Sean Kelly, einer der größten Sprinterheroen

Kestrel war einer der ersten, die den Werkstoff Carbon zu nutzen wussten – hier ein älteres Modell.

Trek Madone 6.9 SSL: Jahrelang gereifter Carbon-Klassiker mit wunderschönen Rohrübergängen und viel einlaminiertem Know-how.

aller Zeiten, fuhren und eroberten Sieg um Sieg mit diesen »weichen« Rahmen.

Die nächsten, die Ernst machten, waren wieder mal die Leute bei Look. Der erste Rahmen war noch »made bei TVT« in Frankreich (da sage noch einer, die Franzosen hätten nur ein Händchen für Brot, Wein und Käse). Zunächst mit gelabelten, bald darauf auch mit eigenen Produkten am Markt und auf Tour, zeigte Look schon bald Carbongabeln, damals natürlich noch mit Stahlschaft. Betrachtet im heutigen »Stiffness-« und »Stiffness-to-weight«-Wahn wären wohl alle damaligen Spitzenrahmen, aus welchem Material auch immer gefertigt, mit Pauken und Trompeten bei den Tests durchgefallen (mit Ausnahme von Klein und Cannondale vielleicht) – aber damals bestand der Radtest vor allem aus Fahren, nicht aus Prüfstandsfolter, und so fuhr man eben und sagte »fährt gut«, und nicht: »Bei dieser Biegesteifigkeit können wir von ausreichender Flattersicherheit ausgehen.« Temps perdu!

Die Fügeverfahren der damaligen Carbonrahmen waren so unterschiedlich wie die Rahmen selbst. Monocoque, Carbonrohre mit Carbonmuffen (der OCLV von Trek kam schon 1991, aber erst die Siege von Lance machten ihn wirklich salonfähig), Carbonrohre mit Alumuffen (weit verbreitet, 1989 traten die Taiwanesen auf den Plan, Giant stellte den CADEX vor), Materialmix mit Glasfasern und Kevlar. Und auch Versuche mit Thermoplasten statt Harz wurden gemacht (um CFK recyclingfähig zu machen).

Carbon ist nicht gleich Carbon. Was ist denn nun ein Bauteil aus Carbon? Im wesentlichen bedarf es zweier Komponenten. Da ist zum einen die Faser, die – daher der Name – möglichst nur aus Kohlenstoff besteht, und zum anderen ein Trägermaterial, in welches die Faser eingebettet wird und das die Fasern miteinander gewissermaßen verklebt; beide miteinander, in der richtigen Art und Weise verarbeitet, bilden so ein leichtes und ausgesprochen formstabiles Bauteil.

Zur Qualität: Es gibt bei den Fasern wesentliche Unterschiede. Je nach Verarbeitungstemperatur und Prozessqualität ergeben sich nieder- oder hochmodulare Fasern (HM); letztere sind natürlich, da aufwendiger herzustellen, auch teurer. Viele feine Fasern sind besser als eine dicke. Entscheidend ist hier auch die richtige Mischung aus Faser und Trägermaterial.

Ein wichtiges Qualitätsmerkmal stellt demzufolge die Packungsdichte der Fasern dar, und je dünner eine Klebeschicht, desto stabiler ist sie (ganz

Von der Luftströmung geformtes Gesamtpaket, bei dem auch Bremsen, Lenker und andere Parts perfektioniert wurden: Cervelo P5.

allgemein gesprochen). Trek spricht deshalb von OCLV, was für »Optimum Compaction Low Void« steht – zu deutsch: »optimale Verdichtung, wenig Leer- bzw. Zwischenräume«. Heute können das aber auch andere, weshalb Trek inzwischen OCLV nicht mehr marketingmäßig ausschlachtet. Grob kann gesagt werden, je weniger Harzanteil und Luftbläschen, desto hochwertiger im Sinne von fester und leichter ist das Carbon. Und Carbon, früher als spröde und bruchanfällig verschrien, kann durch entsprechende Materialbeimischungen wie Aramid- oder Glasfasern mittlerweile nahezu alle gewünschten Eigenschaften erhalten, die man sich für den Rahmenbau nur wünschen kann.

Aus diesen Fasern werden nun Bündel und Matten geflochten bzw. gewoben. Für den »klassischen« Carbonlook steht das sogenannte bidirektionale Muster. Inzwischen kommt ein bereits früher gerne angewendetes Verfahren der multidirektionalen Layer häufiger zur Anwendung, dabei ergibt sich eine schwarze, perlmuttartig schimmernde Oberfläche (wie bei den aktuellen Campagnolo-Kurbeln), die Faserstruktur ist u. U. kaum noch zu erkennen.

Mitunter werden auch kurze Fasern ohne Verweben zusammengebacken – so eine Struktur könnte man »amorph« nennen (findet man z. B. bei Bremsgriffsockeln oder Sattelunterbauten).
Fasern, in welcher Form auch immer, und Träger – in der Regel ein Epoxydharz, manchmal auch ein Thermoplast – werden nun gemeinsam sinnvoll in eine Form eingebracht, wobei bei vielen Bauteilen die Anordnung der Fasern nach Richtung und Dicke eine entscheidende Rolle spielt, und unter Druckeinwirkung zusammengebacken. Ferner kann durch den Faserverlauf, ebenso wie durch die Anzahl der Lagen, ähnlich wie bei der Endverstärkung von Metallrohren der Grad der Belastungsfähigkeit der tragenden Struktur – sprich der Rahmenrohre – in der gewünschten Weise beeinflusst werden. All das sind jedoch Dinge, die nicht von außen sichtbar sind, sondern buchstäblich »erfahren« werden müssen. Und schon sind die sogenannten »Nano-Tubes« im Anrollen: eine ganz spezifische molekulare Struktur des Kohlenstoffs, die die Festigkeit um ein Mehrfaches steigert – bisher allerdings nahezu ohne reale Anwendung.

Wir hatten schon angedeutet: Da war doch auch der Begriff Komfort – das heißt, ein Rahmen muss irgendwie sinnvoll Kräfte absorbieren. Wie kann das sein? Ein Rahmen ist doch steif, verbiegt sich kaum – und schon gar nicht vertikal, wo Hinterbau und Rahmen aus Drei- bzw. Vierecksverbänden gefügt sind! Aber die Erfahrung lehrt: Ein Rahmen hat Einfluss auf den Komfort, und damit ist nicht die Sitzposition gemeint, sondern das Schluckvermögen durch sinnvolle Elastizität.

Carbon, sprich CFK gibt nun dem Rahmenkonstrukteur jede nur erdenkliche

Freiheit in Sachen Design und Performance. Flächiges Aerodesign bei geringstem Gewicht? Kein Problem! Top-Steifigkeit gegen Längstorsion im Steuerkopf, verbunden mit hoher Seitensteifigkeit und Top-Widerstand im Tretlagerbereich trotz Aerodesign und minimalem Gewicht? Kein Problem! Das ist besonders bei den kommenden elektronischen Schaltungen ein Segen: Züge – pardon – Kabel, Akku, Tacho und sonstige Sensoren können problemlos in das Rahmenkonzept quasi eingearbeitet werden. So wirkt die Sache nicht nur aerodynamisch, sondern auch aufgeräumt – vorbei die Zeiten von Kabelbinder-Orgien und Kabelsalat. Und dazu noch ein komfortables Abrollen ohne Bockigkeit auf unebener Piste? Kein Problem! Durch geschickte Anordung von Fasermenge, -dichte, -verlauf, kombiniert mit akribischer Verarbeitung entstehen radfahrtechnische Wunderwerke – dank Carbon.

Wohin geht die Reise im Rahmenbau und was ist sinnvoll? Die aktuellste Topklasse im Rahmenbau kommt auf ein Rahmengewicht von unter 700 Gramm (!) bei mittlerer Rahmenhöhe, und wartet mit durchaus respektablen Steifigkeitswerten auf. Diese Hightechteile sind problemlos auch für solche Fahrer fahrstabil und -sicher, die anders als viele Profis nicht mit Pfunden geizen – und nebenbei bemerkt

Der Rahmen des Cannondale SuperSix Evo ist ein kleines Wunderwerk: Bei etwa 700 Gramm ist er auch noch sehr fahrstabil und gleichzeitig dämpfend!

auch ihr Bankkonto gerne mal etwas mehr schröpfen. Cervelo R-5Ca, Cannondale SupersixEVo und Rahmen von AX-Lightness und noch ein paar handverlesenen Anbietern scheinen den Grenzen der Physik schon ganz nahe zu kommen.

War vor 15 Jahren noch ein Titanrahmen mit 1300 Gramm ein »Wunderding« (wenn auch nicht sehr steif), zeigen die heutigen Highend-Maschinen auf, was früher als unvorstellbar galt. Aber die Entwicklung ist vermeintlich an einem Punkt angelangt, wo es vielleicht auch gar keinen Sinn mehr hat, weiter zu machen. Wo nichts mehr ist, kann man auch nichts mehr sparen! Was bringt es, noch 100 Gramm vom 700-Gramm-Rahmen mit (wahrscheinlich) enormem Aufwand abzuspecken? Thema Sicherheit und Sinnhaftigkeit – auch in finanzieller Hinsicht – das darf hier durchaus überlegt werden.

Und tatsächlich geht die Tendenz der Hersteller wieder etwas in eine andere Richtung. Nicht der Hatz nach dem leichtesten Rahmen, sondern dem besten Paket aus Aerodynamik, Seitensteifigkeit und Komfort gilt die Aufmerksamkeit. Dazu würden wir gerne ein paar Messgrößen darstellen, jedoch gibt es dazu nur wenige sichere Erkenntnisse. Einerseits soll sich ein Fahrradrahmen möglichst wenig verwinden, um hohe Fahrstabilität und verlustfreie Kraftübertragung zu gewährleisten, andererseits soll er durch gezielte Flexibilität unangenehme Schwingungen dämpfen, also etwas Federungskomfort bieten.

Die Zeitschrift *Tour* maß früher gerne die sogenannte Tretlagerabsenkung durch das Fahrergewicht, und die spielt sich im Millimeterbereich ab; jedoch wurde in die Messung das Ausfedern der Gabel nach vorne mit einbezogen. Auch die Laufräder verformen sich nur wenig, je nach Bauart um ca. 1–2 mm. Am deutlichsten ist diese vertikale Verformung an den Reifen zu beobachten, natürlich stark abhängig vom Reifendruck. Aber selbst diese geringen Flexbewegungen sind für den erfahrenen Fahrer spürbar und vermitteln ein bestimmte Rahmencharakteristik.

»Was außer Steifigkeit soll man denn sonst als Maßstab für die Rahmenqualität nehmen?«, fragen die Sophisten des Rädertestens und ihre gläubigen Jünger – und verweisen auf die Sicherheit. Biegesteife Rahmen neigen weniger zum »Flattern«, und der eine oder andere hat die Horrorgeschichten vom flatternden Rahmen zu Ohren bekommen. Steifer heißt aber weniger Flexibilität, und weniger Flexibilität bedeutet weniger Komfort.

Doch das Thema Komfort kann natürlich mit einem Carbonrahmen inzwischen sehr gut umgesetzt werden. Die Sattelstützen werden wieder dünner, um etwas »Federweg« zu generieren – natürlich sind diese am besten auch gleich aus Carbon, denn damit lässt sich das freilich am besten realisieren.

Der deutsche Hersteller Canyon hat beispielsweise mit Ritchey eigens für seine Rahmen eine Sattelstütze entwickelt, die spürbaren Komfort generiert. Doch bevor wir uns mit diesem Thema genauer auseinandersetzen, wollen wir auch noch die anderen Komponenten des Fahrwerks betrachten.

2.2.1.2. Gabel

Das nächste Teil in der Reihe der Fahrwerkskomponenten ist die Gabel. Zusammen mit dem Rahmen bildet sie das System Fahrwerk. Sie führt das Vorderrad. Mit dem Rahmen verbunden ist sie durch ein Wälzlager, den sogenannten Steuersatz.

Auch hier lebt die Tradition des klassischen Rahmenbaus. Gabeln waren die letzte Bastion des Werkstoffes Stahl im Rahmenbau, und am längsten überlebte das Schaftrohr. Versuche mit leichten Gabeln wurden bald gemacht: von Vitus mit geklebten Gabeln (wie immer als Pionier mit der Nase im Wind) und von Look mit Carbon. Anfangs waren jedoch viele Rahmen aus Alu und Carbon noch mit Stahlgabeln ausgestattet, neue Werkstoffe wurden nur sehr langsam eingeführt: Das intuitive Technikverständnis sah das große Gefahrenpotential einer durch Bruch versagenden Gabel. Dabei waren diese Stahlgabeln schon so filigran geworden – so ein Schrägschulterkopf war aber auch zu elegant.

Doch das Eis war gebrochen, als materialmordende Tests zeigten, dass geklebte Alugabeln viel dauerfester waren als die gelöteten Stahlpendants, und die Leichtbaugabel eroberte den Markt neben dem Leichtbaurahmen. Auch wenn hier zunächst einiges schief ging, musste auch der nächste Schritt getan werden: Die Vollcarbongabel musste her (Cannondale hatte sich bereits Anfangs der Neunziger mit Aluschäften vorgewagt, was mit den damals notwendigen Gewindeschäften im 1-Zoll-Format noch nicht ganz beherrschbar war), und so wurde sogar die heilige Kuh im Rennradlager, das 1-Zoll-Steuersatzmaß, zu Grabe getragen. Mittlerweile sind 1 1/8" zum Standardmaß geworden. Die aktuellste Entwicklung beim Gabelschaft bedeutet belastungsoptimierte Dimensionierung: unten dicker, oben dünner, also am Schaftansatz, dort, wo das höchste Biegemoment auftritt, 1,5" Durchmesser, weiter oben wie gehabt 1 1/8".

Zunächst nur mit Gabelscheiden aus Carbon, einem Alukopf, Aluausfallenden und einem Stahlschaft ausgerüstet, waren die ersten Gabeln zwar relativ leicht (inzwischen kann man über diese »leichten« Gewichte nur noch lächeln), kamen aber durch spektakuläre Brüche ins Gerede.

Der im oberen Teil der Gabel bedeutsame Fortschritt wurde durch eine Revolution aus dem Mountainbike-Sektor erzielt: Der zur Vereinfachung der Logistik und zur Verstärkung des durch

Vollcarbongabel mit getapertem Schaft – die Carbonfasern liegen besser im »Fluss«.

das Steuersatzgewinde geschwächten Gabelschaftes eingeführte gewindelose Schaft war ein wichtiger technischer Fortschritt, der erst einmal mit den Sehgewohnheiten der Rennradler brach, denn nun entfielen die wunderschönen, filigranen Einsteckvorbauten. Die Carbongabeln mit Gewindesteuersatz – denn die klassische Vorbauform funktionierte nur mit Stahlschäften einigermaßen zuverlässig – waren eher exotische, mit großem Misstrauen beäugte Bauteile. Dank Oversize (das bedeutet beim Gabelschaft > 1") und gewindelosem Schaftrohr sind jetzt auch Vollcarbongabeln mehr als hinreichend betriebssicher. Die Gabelköpfe, ja selbst die Ausfallenden sind jetzt aus der schwarzen Wunderfaser gefertigt. Mittlerweile sind wir bei einem Gewicht unter 300 Gramm inklusive unterem Steuersatzkonus angelangt – klassische Rennradgabeln hatten um die 700 bis 750 Gramm oder mehr.

Seltsamerweise tauchen hier bei den Tests kritische Stimmen auf, die Hersteller von Vollcarbongabeln hätten ihre Hausaufgaben nicht gemacht. Denn mit Verbundwerkstoffen könne man doch gezielt Steifigkeit der Seite nach, geringe Schaftbiegung und Elastizität in der Radebene konstruktiv kombinieren! Wer sagt's denn? Da wird doch Komfort gefordert. Späte Einsicht?

Festzuhalten gilt, dass bei Rahmen wie bei Gabeln in der Tat konstruktiv noch einiges mehr möglich ist, vor allem in Richtung Komfort. Eine leichte Aufgabe ist es allerdings nicht, eine Vollcarbongabel zu fertigen, die auf der einen Seite leicht ist, gute Dämpfungseigenschaften besitzt, aber gleichzeitig auch sehr seitensteif ist – was sich beispielsweise im Wiegetritt oder bei Spurts durchaus bemerkbar machen kann.
In der ersten Ausgabe dieses Buches hieß es: »Eine Bitte an die Tester: Mehr fahren, mehr auf das Gefühl des Fahrens achten, das Federn und Dämpfen des Fahrwerks, und dabei nicht nur den

Komfort, sondern auch die Straßenlage des Renners angemessen berücksichtigen.« Tatsache ist, dass gerade im Bereich Carbonrahmen und Gabel die konstruktiven Freiheitsgrade, die Verbundwerkstoffe bieten, in der Gestaltung mehr und mehr genutzt werden. Ob die Motivation dazu eine eher am modischen Trend oder der fahrdynamischen Optimierung orientierte ist, muss im Einzelfall diskutiert werden. Um es noch einmal zu sagen: Wer einmal Carbon auf der Höhe der Zeit gefahren ist, möchte es nicht mehr missen.

2.2.1.3. Steuersatz

Das Gabel und Rahmen verbindende, zugleich radial und axial tragende Wälzlager ist ein kleines, unscheinbares und doch die Qualität des Fahrerlebnisses bedeutsam beeinflussendes Bauteil, vor allem dann, wenn es nicht funktioniert.

Auch die Entwicklung des Systems Steuersatz vollzog sich rasant. Aus ganz anderen Gründen als beim Mountainbike – dort war es die Federgabel, die den AHeadSet salonfähig machte – stellte beim Rennrad niemand die knackenden, in die gewindeschäftigen Gabeln gesteckten klassischen Vorbauten in Frage (hinzu kam, dass diese herkömmlichen Vorbauten per Spreiz- oder Schrägkonus in den durch das Steuersatzgewinde geschwächten Gabelschaft mehr schlecht als recht festgeklemmt wurden). Denn die waren ja so elegant!

Aber da war noch eine andere Idee: Den Übergang von Rahmen und Gabel könnte man im Zeitalter des gewindelosen Gabelschaftes doch eleganter gestalten, wenn man den Steuersatz im Steuerrohr versteckt (wer hat wohl damit angefangen? Richtig, Vitus). Es waren dann die Campagnolo-Leute, die den HiddenSet auf den Markt

Den klassischen Steuersatz (auch Lenkkopflager) mit Walzen findet man praktisch nicht mehr – zu Recht!

brachten und damit die Welle der integrierten Steuersätze lostraten. Und nebenbei wieder ein eigentlich technisch gesichertes Terrain preisgaben, denn Probleme folgten zuhauf. Auf die Irrungen und Wirrungen der verschiedenen Standards für integrierte Steuersätze werden wir im Kapitel »Maße und Spezifizierungen« eingehen.

Zurück zum Steuersatz. Er soll spielfrei, leichtgängig, von geringem Gewicht und zugleich dauerhaft sein – Forderungen, die zu verschiedensten Ausprägungen führten. Gelagert wurde und wird mit Kugeln und/oder Walzen. Die Kugeln laufen leichter, die Walzen halten länger. Einer der Walzenklassiker kam aus Frankreich von Stronglight, und sein Name war Programm: stabil und leicht.

Die klassischen Steuersätze hatten das Problem der Lagerung (leichtgängig, leicht, stabil) ganz gut gelöst, sofern der Rahmen korrekt gefräst war. Wie bitte? Ja, im Zeitalter der gelöteten Rahmen musste der Steuersatzsitz oben und unten im Steuerrohr per Spezialhandfräswerkzeug in Passung, auf Parallelität und zentrisches Fluchten gefräst werden.
Das erforderte eine geschickte Hand im Umgang mit dem Fräswerkzeug und natürlich ein gutes Werkzeug, das zudem sehr teuer war. Aber das Ergebnis war zwangsläufig ein korrekt im Rahmen sitzender und zentrisch fluchtender Steuersatz (wir erinnern später noch mal daran).

Aber dieser Steuersatz musste auch (spielfrei und leichtgängig zugleich!) eingestellt und dann gegen Lösen fixiert werden. Dazu war die Konterung gedacht. Mittels zweier Muttern, durch eine verdrehsichere Nasenscheibe voneinander getrennt, wurde der Steuersatz fixiert. Beim Kontern dreht man nun die untere Mutter (= obere Steuersatzschale) nach oben und die obere Mutter nach unten, so dass sich diese beiden Muttern an den entgegengesetzten Gewindeflanken des Gabelschaftes abstützen – so ein Gewinde hat ja ein wenig Spiel, nicht wahr?

Nun ist jedoch die untere Mutter zugleich die obere Lagerschale des Steuersatzes. Wie geht das also? Erst mal die Gabel penibel spielfrei einstellen. Jetzt festziehen, also nach oben drehen – dann hat man wieder Spiel. Von oben drehen und unten halten – dann wird das Spiel zu eng. Also muss man vor dem Kontern das Lagerspiel ein wenig zu eng stellen, damit es nach dem Kontern hoffentlich passt. Die meisten Steuersätze starben durch zu festes Anziehen (Rasten im Lager) oder durch zuviel Spiel (Wackeln beim Fahren, Rasten im Lager). Stronglights Walzen vertrugen diese Tortur des Einstellens besser: Eine Walze hat eben viel mehr Kontaktfläche zur Lagerschale als eine Kugel.

Anfangs des neuen Jahrtausends trat eine neue Idee auf den Plan, deren Entstehung eigentlich schon länger zurückliegt, nämlich die des oben ange-

Perfekte Lager-Integration wird immer mehr zum Standard. Die Industrielager liegen direkt ohne extra Schale im Rahmen.

Und so sieht das im Ganzen aus.

sprochenen integrierten Steuersatzes. Im Gegensatz zu den ersten Ansätzen war dank des AHeadSet-Systems die Zeit reif dafür. Die Absicht ist ja nicht nur, ein optisch glattes System zu schaffen, sondern Rahmen, Gabel und Steuersatz zu integrieren, also zu einer konstruktiven Einheit zu formen.

Aber wie bei vielen guten Ideen steckt der Teufel im Detail. Früher hatte der Monteur durch das Befräsen des Rahmens Einfluss auf die Montagequalität – und damit auch die Möglichkeit, Fehler zu machen –, heutzutage wird das System nur eingefettet, zusammengesteckt, spielfrei gemacht und fertig. Wenn jetzt allerdings etwas nicht stimmt, z. B. die Passung des Lagersitzes im Rahmen zu weit ist oder nicht richtig fluchtet, kann der Assembler nicht mehr viel korrigieren. Im 90°-Versatz klemmende Steuersätze, Knacken, Spiel etc. sind dann systembedingt oder im Morast der fehlerhaften Toleranzen verborgen. Dafür kann jeder Laie ohne Spezialwerkzeug Gabel und Steuersatz montieren – oder besser zusammenstecken –, und mit ein wenig Glück und der Zuhilfenahme dieses geschätzten Buches korrekt zum Funktionieren bringen.

Wenn ein Lager defekt ist, sei es durch Verschleiß oder Korrosion, wirft man es raus und ersetzt es durch ein neues. Die Option, durch zu festes Anziehen beim Spielfreimachen den Steuersatz zu zerstören, ist dafür glücklicherweise nahezu eliminiert.
Der Steuersatz spielt noch eine andere gewichtige Rolle: Wir sprachen oben über das »Flattern«. Das System Rahmen-Gabel ist Teil eines schwingenden Systems, in welches auch die dritte Komponente des Fahrwerks gehört: die Laufräder. Zu einer bestimmten Geschwindigkeit gehört eine bestimmte Raddrehzahl; damit haben wir alle Komponenten, die ein schwingendes System definieren.

Wenn nun die Eigenfrequenzen von Rahmen-Gabel und Rädern zusammenfallen, kommen wir in den Bereich der Resonanz: Alles schaukelt miteinander in der gleichen Frequenz – das ist das berühmte Flattern. Flattern findet immer nur bei einer bestimmten Geschwindigkeit statt! Ein nicht flatterndes System ist eines, das solche Resonanz wirksam unterbindet.
Das hat viele Einflussgrößen, die Rahmensteifigkeit ist nur eine davon. Dazu kommt die Fahrwerksgeometrie. Die Vorbiegung der Gabel definiert zu-

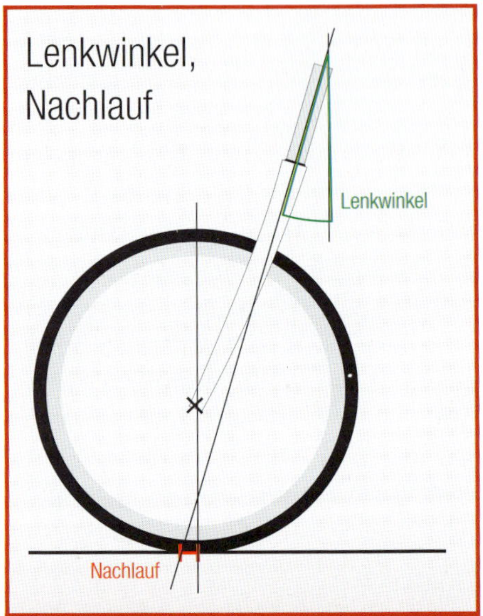

Lenkwinkel, Nachlauf - Prinzipdarstellung

sammen mit dem Lenkwinkel und dem Laufradhalbmesser den Nachlauf. Dieser ist wichtig für die Eigenstabilität: großer Nachlauf macht das Fahrrad eher stur, kleiner Nachlauf eher wendig.

Der Nachlauf ist definiert als die Entfernung zwischen dem Lot durch die Vorderachse auf die Fahrbahnoberfläche und den Schnittpunkt der Verlängerung der Lenkachse, also der Achse, um die sich die Gabel im Rahmen dreht, mit der Fahrbahnoberfläche.

Auf unserer Skizze ist das leicht erkennbar: In dieses System greift außerdem die Gewichtsverteilung ein, also das Gewicht, das auf Vorder- und Hinterachse lastet. Und die Masse der Teile, die sich um die Lenkachse drehen. Und das Verhalten der Reifen in punkto Haftung und Dämpfung. Und der Zustand des Steuersatzes (weswegen wir hier beim Steuersatz, also am Dreh- und Angelpunkt des Flattersystems, bewusst darauf eingehen): Losbrechen, Reibung, Rastung, Spiel ... Und der Fahrer als dämpfendes oder anregendes Element. Denn: Flattern hat auch mit Nervenflattern zu tun – also mit dem Fahrer. Der Fahrer selber regt durch seine Eigenfrequenz das System an oder dämpft es. Das Flattern findet vor allem auf Abfahrten statt. Die Angst vorm Flattern lässt den Fahrer beim Auftreten der ersten Unruhe erstarren – und ihn zu einem Teil des schwingenden Systems im unerwünschten Sinne werden. So wird aus »Nervenflattern« Rahmenflattern: Die Eigenfrequenz des zitternden Körpers passt zu schön zur Geschwindigkeit (7–8 Hertz bedeuten bei einem Abrollumfang von 2,12 m 54–61 km/h).

Besser ist es, den Rahmen und die Lenkung durch Lockerheit zu dämpfen! Das bedeutet, ein Knie sanft ans Oberrohr zu lehnen und die Hände locker am Lenker ruhen zu lassen, mit entspanntem, nicht zu festem Griff (bei der geringen Masse der Lenkungsbauteile des Fahrrades treten anders als beim Motorrad kaum Kräfte auf, die sich nicht leicht zügeln ließen). In der Regel klingt das Flattern dann schnell ab.

Wir wollen nun nicht den Ehrgeiz entwickeln, zu behaupten, damit dieses Phänomen vollständig erklärt zu haben. Es ist eher so, dass nicht einmal in der zur Wissenschaft entwickelten Technologie der Formel 1 die Zusammenhänge zwischen den mehr oder weniger elastischen Teilen der Radaufhängungen (Radaufhängung, Federung, Dämpfung, Räder und Reifen) und ihrem Schwingungsverhalten vollständig geklärt wären und verstanden würden. Warum sollte das beim Fahrrad anders sein?

Wenn es eine Regel gibt: Leichte Teile produzieren weniger Kräfte, also sollte man auf eine leichte Lenkung achten. Aerodynamische Lenkeraufsätze fördern die Flatterneigung!

Ein entspannter Griff am Lenker und ein lockeres Gemüt helfen. Gefährlich leben Fahrer, die sich am Lenker festklammern. An dieser Stelle müssen wir noch einmal auf den Steuersatz eingehen. Die Aufgabe des Steuersatzes ist ja schnell beschrieben: Ein Wälzlager hält die Gabel leicht drehbar und möglichst spielfrei im Rahmen. Ganz einfach – oder? In der Wirklichkeit des Radfahrens liegen hier mehrere Hasen im Pfeffer. Steuersätze können zuviel Spiel haben, können schwergängig (bis hin zum Klemmen) oder verschlissen sein – dann »rasten« sie ein.

Bezogen auf Probleme mit dem Fahrverhalten stellen schwergängige und vor allem rastende Steuersätze ein

Problem dar, welches das Thema Flattern stark beeinflusst. Es soll schon deshalb vorab darauf hingewiesen sein, dass bei der Wartung dem Steuersatz besondere Aufmerksamkeit gewidmet werden sollte. Natürlich sagt jeder: Erst heiß machen und dann nicht servieren – wieso ist das denn so? Für gute Fahrbarkeit ist eine leichtgängige Lenkung notwenig, das Rad lässt sich so mit minimalen Lenkausschlägen ausbalancieren (selbst bei scheinbar perfekter Geradeausfahrt »spielt« die Lenkung!). Je schwergängiger die Lagerung, desto »eckiger« wird die Fahrt. Klemmende oder rastende Steuersätze stellen eine Art mechanisch und damit degressiv gedämpftes System dar. Das bedeutet, dass die Reibung bzw. der Widerstand gegen Bewegung immer bei niedrigen Winkelgeschwindigkeiten des Steuersatzlagers am höchsten und bei hohen am niedrigsten ist. Schwingungen, wenn sie denn da sind, werden also nicht dort gedämpft, wo sie am stärksten sind (bei hoher Winkelgeschwindigkeit nämlich), sondern am Umkehrpunkt. Genau das aber fördert die Flatterneigung.

Also, Freunde der sicheren Fahrt: Selbst wenn er jetzt integriert und versteckt ist – gerade der Steuersatz sollte ein ganz besonderes Hobby des freischaffenden Mechanikers werden!

2.2.1.4. Laufräder

Kommen wir zur zweiten großen Baugruppe des Fahrwerks: zu den Laufrädern. Dabei haben wir wieder zwei wesentliche Bestandteile: das eigentlich »harte« Laufrad, bestehend aus Felgen, Naben und Speichen, und die »weichen« Teile, die Bereifung.
Beginnen wir mit der Hardware und hier wiederum bei den Naben. Es gibt auch heute Naben wie von anno dazumal, an Vorkriegsware erinnernd. Einstellbare Konuslager fanden wir schon in den Frühzeiten des Fahrradbaus. Auch modernste Naben wie Shimanos Dura-Ace folgen diesem Bauprinzip. Woraus wir getrost schließen dürfen, dass Bewährtes nicht überholt sein muss, wobei in der letzten Zeit ganz klar eine Hinwendung zur industriegelagerten Nabe stattfindet. Was bedeutet das eigentlich, »industriegelagert«? Bei den letztgenannten Naben werden Leichtgängigkeit und Spielfreiheit nicht durch einen gewissermaßen nur gefühlsmäßig zu erfassenden und manuell korrekt zu vollziehenden Einstellvorgang sichergestellt, sondern es werden industriell gefertigte, vormontierte sogenannte Axialrillenkugellager in die Nabenkörper eingesetzt. Sicherlich ist hier die Qualitätskontrolle strikter zu handhaben, ein Qualitätsmerkmal für das eigentliche Lager stellen diese jedoch nicht zwingend dar. Allerdings wird Mängeln im Umgang mit Wartung und Pflege ein Riegel vorgeschoben, das vielleicht wichtigste Argument für diese moderne Form der Lagerung.

Carbon als Nabenwerkstoff bei Mavic. Nicht nur ein wenig leichter, sondern auch wunderschön.

Die Nabenkörper, einst aus Stahl gefertigt, sind bereits im mittleren Segment ausnahmslos aus Aluminium gefertigt, die Lagerbestandteile natürlich aus Stahl. Ausnahmen gibt es hier zunehmend: mit Nabenkörpern bzw. -hülsen aus Carbon wie bei Campagnolos Hyperon und Bora oder bei Lightweight oder mit Keramiklagern, wie sie z. B. Campagnolo und Leichtgewichtspapst Fahl in seine Tune-Edelnaben auf Wunsch einbaut.

Auch bei den Achsen vollzieht sich ein Wandel vom Stahl weg hin zum Aluminium, seltener auch zum Titan. Naben bei sportlichen Rädern sind nahezu ausnahmslos als Hohlachsen ausgeführt, durch welche eine Schnellspannachse geführt wird. Auch bei den Hinterradnaben fand eine spezifische Entwicklung statt, und zwar bezogen auf die Schnittstelle zum Antrieb, denn ursprünglich war bei der sogenannten Schraubkranznabe der Zahnkranz mitsamt Freilauf als Komplettsystem auf die Nabe geschraubt. Allein die flächendeckende Verbreitung in Zusammenhang mit der Standardisierung verhinderte lange Zeit das Aufkommen des anderen Baumusters, der Kassettennabe. Kaum zu glauben, aber fast bis Ende der 80er Jahre wurde lang und breit argumentiert, warum denn nun die Nabe mit Schraubkranz die bessere Lösung sei. Die Argumentationslinie verlief von der Lagerung über die Stabilität bis hin zum Gewicht. Letzten Endes war das wieder nur ein halsstarriges Aufbäumen der konservativen Denkweise – heutzutage schüttelt man nur den Kopf über solche Auseinandersetzungen. Genaueres werden wir im Abschnitt Zahnkranz darlegen.

Entscheidend bei der Kassettennabe ist, dass der Freilauf, auf welchen das Ritzelpaket aufgesteckt wird, integraler Bestandteil der Nabe ist. Bezüglich Lagerung und Konstruktion findet man verschiedenste Bauformen. Die Kassettenkörper oder Rotoren werden angeschraubt, laufen parallel auf einer gemeinsamen Achse oder sind auf einem durchgehenden Nabenkörper separat gelagert.

Bei der Konstruktion der Kraftübertragung findet man stark differierende Ausführungen ein und desselben Prinzips: Eine Kombination von federbelasteten Sperrklinken und einer damit korrespondierenden Innenverzahnung sorgt gleichermaßen für Kraftschluss und Freilauf. Versuche mit dem sogenannten »Silent-Clutch«-Rotor, der die typische akustische Signatur des Klinkenfreilaufs auf angenehme Weise vermissen ließ, verschwand bald wieder von der Bildfläche. Ein abweichendes Baumuster stellt DT Swiss Konstruktion mit einer Stirnverzahnung zur Kraftübertragung dar. Abgesehen von der exzellenten Qualität der Naben war lange Zeit ein ausgesprochen penetrantes Freilaufknarren ihr Markenzeichen.

Rotoren sind in der Regel aus Stahl hergestellt, immer öfter auch aus Aluminium, selten Titan (z. B. Dura-Ace). Dabei erfordert Aluminium ein anderes Innenprofil bei den Ritzeln als die beiden »harten« Metalle, da sich ansonsten die Zahnräder auf lästige Weise im Rotor »vergraben«. Letztlich stecken die eigentlichen Herausforderungen der Nabenbaukunst – zumindest bei den hinteren – im System der Kraftübertragung. Brauchbare Vorderradnaben können viele, hintere nur wenige!

Das äußere Pendant der Nabe ist die Felge, oft auch Felgenring genannt. Hier kommt als Material fast ausschließlich Aluminium zum Einsatz. Hergestellt wird dieser »Ring« aus einem spezifischen Aluminiumprofil, welches nach dem Biegen zum Ring an einer Schnittstelle per Passstück zusammengesteckt und/oder per Schweißung zu einem stabilen Rund gefügt wird. Natürlich ist eine am Stoß verschweißte Felge in diesem Bereich wesentlich stabiler. Zudem ist die Unwucht aufgrund des kleineren benötigten Passstückes geringer.

Ursprünglich nur aus einem U-Profil bestehend, sind heutzutage alle hochwertigen Felgen als sogenannte Hohlkammerfelgen ausgeführt, deren Quer-

Nabenrotoren von Mavic, Campa, DT Swiss und Shimano (v. l. n. r.).

schnitte in den verschiedensten Profilen geformt werden. Konstruktiv sind Rennradfelgen heutzutage meist Hakenfelgen. Diese Haken dienen dem sicheren Halt des (Draht-)Reifens in der Felge.

Die Eigenschaften des Bauteils Felge werden ganz erheblich durch die Gestaltung des Profils definiert, und stellen davon abgesehen ein markantes Element der Gestaltung des Rades, ja des gesamten Fahrrades dar. Als Campagnolo mit dem Shamal reüssierte, welches zum Zwecke des Einzelzeitfahrens vor allem aus Gründen der Reduzierung des Luftwiderstandes mit nur 16 Speichen (später wurden es noch weniger, nämlich 12 im Vorderrad!) und einem extrem hohen Felgenprofil ausgestattet war, wollte bald

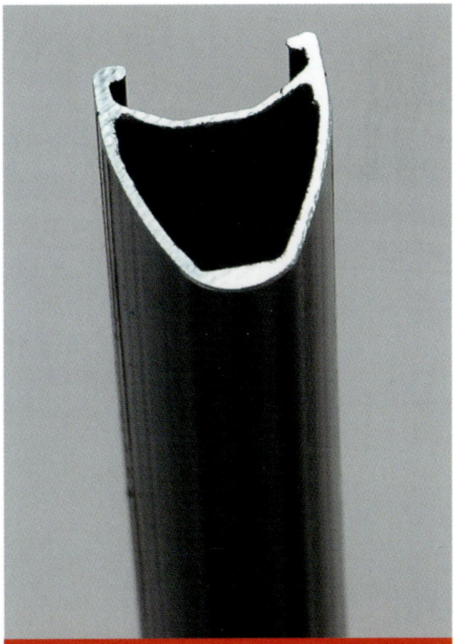

Hakenfelge (auch Drahtreifenfelge genannt) im Schnitt.

jeder Radfan solch ein Shamal-Design am Rade führen – dies nur am Rande.

Nach dem Zusammenfügen wird die Felge mit den nötigen Bohrungen versehen und u. U. noch geöst. Das bedeutet, dass die in der Felge zur Aufnahme der Speichen vorgesehenen Löcher mit Edelstahlösen verstärkt werden. Zudem erleichtern diese Ösen das korrekte Zentrieren mit Alunippeln. Ein weiterer Arbeitsgang ist das Überdrehen der Felgen. Inzwischen hat sich das ursprünglich nur bei den geschweißten Felgen von Mavic eingeführte Plandrehen der Bremsflanken zwecks besserer Bremsleistung bei fast allen Herstellern zumindest bei halbwegs hochwertigen Felgen durchgesetzt, egal ob geschweißt oder gesteckt. Ein wesentlicher Vorteil des Plandrehens, insbesondere bei geschweißten Felgen: Das lästige Rupfen am Felgenstoß beim Bremsen entfällt und führt auch zu einer Beruhigung des Fahrverhaltens. Das Aufschwingen der Gabeln bei harten Bremsvorgängen nahm bisweilen furchterregende Formen an, ein Vor- und Zurückschwingen der Gabel von mehreren Zentimetern war zu »erfahren«!

Moderne Topfelge: Ohne Speichenbohrungen und an der Flanke abgedreht.

In zunehmendem Maße kommen auch Felgen aus Kohlefaser auf den Markt. Gerade im Straßenrennsport und beim Einzelzeitfahren (wie auch im Triathlon), wo noch viel mit geklebten Reifen gefahren wird, ist eine Kohlefaserfelge ohne die für Drahtreifen benötigten »Haken«-Profile (die Felgenhörner) eine besonders leichte und stabile Alternative.

Die inzwischen legendären Lightweight-Laufräder stellen hier die Spitze der Technologie dar. Schwierig zu handhaben ist das Thema Bremsflanke, denn ein Überdrehen der Felgen ist hier nicht möglich, auch müssen wegen des Verbundmaterials spezielle Bremsbeläge gefahren werden.

Nebenbei bemerkt hat der gute alte und eigentlich außerhalb des Rennsports »tote« Schlauchreifen so eine Renaissance erfahren. Jetzt gibt es von den meisten Carbonfelgenherstellern Tubular-, sprich Schlauchreifen-Varianten.

Die Referenz: Handgefertigte Lightweight-Laufräder gibt es in verschiedensten Varianten auch mit Farbe oder für Drahtreifen. Extrem leicht und steif sind sie alle.

Aber auch die Drahtreifen-, sprich Hakenfelge (Clincher) ist vermehrt das Ziel von Entwicklungsanstrengungen der Verbundwerkstoffzauberer geworden. Erste Baumuster waren in punkto Reifendruck noch in inakzeptabler Weise limitiert, doch auch diese Bastion fällt – auch wenn durch die damit verbundenen benötigten Wandstärken der Bremsflanke der Gewichtsvorteil nicht ganz so radikal ausfällt wie beim Schlauchreifen-System.

Die Vorteile liegen auf der Hand. Man braucht nicht kleben – immer eine mehr oder zu weniger zeitaufwändige Arbeit –, macht sich die Hände nicht schmutzig, und vor allem: Im Falle einer Panne während der Ausfahrt ist ein Schlauch doch schneller und einfacher gewechselt, zumal die Clincher-Reifen (Drahtreifen) in Sachen Abrolleigenschaften, Gewicht und Pannensicherheit den Schlauchreifen in ihren Paradedisziplinen auch schon den Rang abgelaufen haben.

Weiterhin ist zu bedenken, dass die Bremsperformance der Carbonräder nicht mit denen aus Leichtmetall mithalten kann. Aber auch hier hat sich durch sorgfältig abgestimmte Bremsbeläge, die in der Regel von den Carbonfelgenherstellern gleich mitgeliefert werden, viel getan. Und mit den Ergebnissen in Sachen kontrollierte Verzögerung kann man durchaus gut leben – selbst bei Nässe. Die Problematik liegt auf der Hand: Carbonfelgen leiten entstehende Reibungswärme anders als Alufelgen praktisch nicht ab, die entstehende Hitze ist Sache der Bremsbeläge. Und wenn diese aus »Gummi« sind ... Alles klar?

Mit den Speichen werden Nabe und Felge zu einem leichten, aber doch stabilen und zugleich in gewisser Hinsicht gewollt elastischen Ganzen verbunden. Speichen sind wieder eine technologische Welt für sich. Ganz wesentlich für das Verständnis der Aufgabe der Speichen ist die Einsicht, dass sich ein Laufrad beim Abrollen unter Last nicht unwesentlich verformt. Auf einer einzelnen Speiche lastet ein Zug von 900 bis 1200 N. Unter diesem Zug dehnt sich die Speiche bereits messbar. Wichtig ist jedoch, dass die Dehnung größer ist als die elastische Verformung des Rades selbst. Deswegen setzt man zunehmend sogenannte Doppeldickendspeichen ein, die am Flanschbogen und am Gewinde deutlich dicker sind als im langen Mittelteil. Dadurch steigt die Dehnfähigkeit ganz erheblich, weswegen mit DD-Speichen korrekt gebaute Laufräder eine bessere Standzeit haben (ein Nachzentrieren ist wesentlich seltener nötig), abgesehen davon, dass Lastspitzen in der DD-Speiche durch das elastische Mittelteil besser weggesteckt werden, was die ansonsten durch Gewinde und Flanschbogen geschwächte Speiche mit erhöhter Reißfestigkeit dankend quittiert.

Auch die Speichennippel sollten kurz erwähnt werden: In der Regel handelt es sich um verchromtes Messing. Leichtbaufreaks wählen bevorzugt solche aus Aluminium. Diese sind allerdings empfindlicher und müssen öfter ausgetauscht werden.

Apropos Material: Zur Speichenherstellung kommen vor allem hochfeste, rostfreie Stähle zum Einsatz, Titanspeichen sind nur ganz selten zu finden. Und Aluminium? Oder gar Carbon?
Bevor wir dazu kommen, sollte erwähnt werden, dass sich kaum ein Hersteller derart um den Fortschritt des Felgenbaues verdient gemacht hat wie die französische Firma Mavic. Ob geschweißter Stoß, ob überdrehte Felgenflanke und ausgedrehtes Felgenbett, ob Keramikbeschichtung der Bremsflanke, ob felgenbandlose Felgenbetten und ins Felgenmaterial eingearbeitete Nippelgewinde, ob Aluminiumspeichen oder Tubeless-System beim Mountainbike, bei all diesen bedeutsamen Entwicklungen mischte dieser Hersteller an vorderster Front mit und stand alsbald als Synonym für die hochwertige Aluminiumfelge.

Der nächste Schritt, um den technischen Vorsprung auszubauen war der, sich vom Felgenhersteller zum Laufradbauer zu entwickeln. Denn lange Zeit stellten die Laufräder ein elementares Zeugnis der Handwerkskunst des Radbauers dar. Das handgespeichte Laufrad war ein Qualitätsmerkmal, wenn denn nun die »Kunst« des Laufradbauers, auch Einspeicher genannt, etwas taugte. Jeder, der schon einmal versucht hat, ganz unbedarft an den Speichennippeln zu drehen, um einen Achter zu begradigen, kann eine Geschichte von dem Labyrinth erzählen, in dem er sich verirrte.

Die Franzosen beschlossen nun, die Qualitätsmerkmale ihrer Felgenfertigung in einen industriellen Fertigungsprozess einzubringen, an dessen Ende nicht nur eine Felge, deren positive Eigenschaften womöglich von unzureichendem Handwerk »verwässert« werden würden, sondern ein komplettes, fertiges Laufrad stünde. Der Begriff des sogenannten Systemlaufrades war geboren.

Am Anfang stand dabei der Laufradsatz Cosmic, der Campagnolos Shamal, dessen erstem Versuch auf dem Felde des Laufradbaus, Paroli bieten sollte. Im Gegensatz zu den Italienern, die sich aufs Rennrad beschränkten, rollte Mavic auch das Feld der Mountainbikes auf. Mit dem Crossmax startete man auch auf diesem Gebiet in eine neue Zukunft, das sei hier nur nebenbei erwähnt. Die dort erprobte und etablierte Technik fand bald auch in den Produkten fürs Rennrad Anwendung. Die Zunft der Komplettanbieter hat sich inzwischen stark vergrößert, wobei wirklich neue Ideen zum Laufrad von nur wenigen eingebracht wurden. Eine wesentliche Neuerung war die Idee von Rolf Wheels, Speichen nicht mehr im gleichmäßigen Abstand, sonder immer paarweise dicht beieinander an der Felge zu verankern, was später im verblüffenden 3G-Design von Campagnolo seine Vollendung finden sollte. Eine weitere Innovation war der überdimensionierte linke Nabenflansch von Rolf, womit die Idee, die linken Speichen des Hinterrades stärker in die Antriebsarbeit einzubinden, auf den Plan kam. Das wurde von Mavic beim inzwischen schon legendären Ksyrium und dann von Shimano seit dem Jahrgang 2005 mit Laufrädern aufgegriffen, die beide nur noch mit den eigentlich unterforderten linken Speichen die Antriebskräfte in die Felge leiten.

Wir sprachen von Aluminium als Speichenmaterial: Mavic erfand mal wieder das Rad neu und setzte als erster konsequent auf Aluminium. Durch die »Fore«-Technik in Verbindung mit dicken Aluspeichen, welche eigentlich den Linksantrieb erforderlich machten, brachte Mavic die »dichte« Felge ins Spiel – und brachte damit auch die Voraussetzung für schlauchlose Fahrradreifen auf den Markt. Ursprünglich nur im Mountainbike-Bereich geplant, macht der schlauchlose Rennradreifen auch im Straßenrennsport seine ersten

Schritte. Bei der Tour de France '04 und '05 fuhren vereinzelt Teams mit einer Kombination aus dieser Felgentechnik und schlauchlosen Drahtreifen – wahrhaft eine kleine Revolution. Wie man aber hört, ist diese Technik für den Einsatz auf dem Markt zu kapriziös – ob also »tubeless road« jemals auf dem Renner des Freizeitradlers auftauchen wird, bleibt abzuwarten.

Die Idee, mit Laufrädern aus Verbundwerkstoff das Rad neu zu erfinden, ging hingegen sang- und klanglos den Bach hinunter. Namhafte Firmen wie GT, Specialized, Spengle und Spinergy waren die bekanntesten. Später macht sich mit Xentis erneut ein Wettbewerber auf, vom Kuchen des klassischen Speichenrades zu naschen.

Ohne hier zu sehr ins Detail gehen zu wollen, war der Fehler bei den neuen Ansätzen mit Verbundwerkstoff immer der gleiche: Durch das neue Design wurde das Material weniger auf Zug, sondern vermehrt auf Druck und Biegung belastet.

Nicht als gescheitert betrachtet werden dürfen jedoch die Ansätze, ein kompromissloses Laufradoptimum im konventionellen Design zu kreieren: Im Windschatten der Pioniere haben sich etliche Hersteller nach vorne gekämpft. Geringes Gewicht, hohe Steifigkeit, gute Stabilität, Dauerhaltbarkeit, gute Aerodynamik und ausreichender Abrollkomfort sind in einem Laufradsatz zu haben (o.k., beim Bremsen zwickt's noch ein bisschen), selbst die Optimierung der Widerstandskräfte bei Wind von der Seite steht mittlerweile im Lastenheft der Laufradbauer.

Aerostar – das ungewöhnlich breite »Firecrest«-Felgenprofil der neuen Zipps setzt aerodynamisch Maßstäbe. Es generiert bei manchen Windwinkeln von vorne sogar einen negativen Luftwiderstand!

3T Carbonlaufrad mit eigenwilliger Speichenaufhängung – fällt in jedem Falle auf!

Mavic R-Sys: Auf Druck belastbare Carbon-Hohlspeichen – das Wagenrad aus der Kutschenzeit neu erfunden.

Bontrager Aeolus – viele Hersteller bieten Carbonlaufräder in verschiedenen Profilhöhen an. Das Aeolus gibt es mit 30, 50, 70 und 90 mm Felgenhöhe – wahlweise für Schlauch- oder Drahtreifen. Hier die 70er Variante.

Ausgereift und zuverlässig. Unter den Nicht-Carbonrädern nimmt das Campagnolo Shamal einen Spitzenplatz ein.

Die Entwicklung ist noch lange nicht an ihre Grenzen gestoßen. Natürlich sind es wieder die Carbonzauberer, die die Grenzen des Machbaren verschoben haben. Etliche Hersteller (ohne Anspruch auf Vollständigkeit) wie Reynolds, Citec, FSA, SRAM, Fulcrum, Easton, Hutchinsen, Edge, DT Swiss, Shimano, aber auch Klassiker wie Campagnolo, Zipp, Roval und Mavic haben sich hier verdient gemacht.

Nur eins ist geblieben: Bis heute kann man definitiv sagen, dass der klassische Ansatz Speichenrad der erfolgreichere war und ist. Nicht Felgen, sondern auch Speichen aus Carbon hingegen haben auch ihren Einzug ins Laufrad gefunden – wenn auch sehr vereinzelt. Und wer war's? Diesmal nicht die Franzosen (obwohl Mavic nachgezogen hat) – sondern ein Oberbayer – naturellement übrigens, die Tour de France gewinnt man regelmäßig mit Lightweight-Laufrädern von Heinz Obermayer ...

Und an der Idee, Speichen nicht nur auf Zug, sondern auch ein wenig auf Druck zu belasten, feilten die Leute von Mavic weiter und kamen zur »TraComp«-Technologie: TraComp-Carbon-Hohlspeichen können Zug-, aber vor allem auch Druckkräfte aufnehmen. Das Prinzip Holzwagenrad stand hier Pate. Ob sich das bewährt und durchsetzt? Die Zukunft wird es zeigen – aber man darf davon ausgehen, dass die Franzosen ihre Hausaufgaben gemacht haben. In der Disziplin geringes Gewicht, hohe Steifigkeit und gute Alltagseigenschaften ist man mit diesem R-Sys genannten Laufradsatz aber schon mal vorne dabei.

2.2.1.5. Bereifung

Ein entscheidender Faktor für die Performance eines Rades ist die Bereifung. Wenn also Radler unterschiedlichster Provenienz so akribisch auf ihre Bereifung achten, so hat das durchaus seinen Grund, und dies nicht nur wegen möglicher Pannen.

Klassischerweise waren am Rennrad sogenannte Schlauchreifen montiert. Diese bilden eine Einheit aus Reifen und Schlauch (in der Regel ist der Schlauch in eine Decke eingenäht) und werden mit der Felge verklebt.

Nach wie vor bieten diese Reifen in Verbindung mit der entsprechenden Felge einen besseren Schutz gegen Durchschläge und unter Umständen einen geschmeidigeren Lauf. Doch auch hier gibt es massive Unterschiede. Ein anderer Faktor ist die Sicherheit beim Wettkampf. Bei einer Panne inmitten des Pelotons kann der aufgeklebte Reifen nicht von der Felge wandern, das Rad bleibt halbwegs steuerbar und kann ohne zu bremsen mit Vorsicht aus der Gefahrenzone gelenkt werden. Anders ist dies beim sogenannten »Drahtreifen« (der heute nur noch im Niedrigpreis-Segment einen Stahldraht für den Sitz des Reifenwulstes im Haken der Felge besitzt, ansonsten handelt es sich um ein Glas- oder Aramid-Geflecht, auch Kevlar genannt, mit dem Vorteil besserer Flexibilität und geringeren Gewichts): Dieser besteht aus dem Mantel, also dem eigentlichen Reifen, und einem getrennt montierbaren Schlauch. In der Regel handelt es sich bei modernen Hochleistungsrädern um sogenannte Drahtreifen.

Vor allem aber ist es der gestresste Hobbyradler leid, wegen einer Reifenpanne den ganzen Reifen entsorgen zu müssen, während beim Drahtreifen ein Wechsel des Schlauches oder die Reparatur desselben ansteht und damit den Geldbeutel in deutlich geringerem Maße belastet.

Moderne Drahtreifen (der Draht kann auch aus Kevlar sein) von Continental und Schwalbe..

Während früher Baumwollkarkassen mit Naturkautschuk-Protektoren den technischen Mainstream darstellten, findet man heute nur noch Kunstfaserkarkassen (die Karkasse ist, vereinfacht gesprochen, der Reifenunterbau, also die formgebende und kraftübertragende Struktur), bei denen das ständige Luftablassen und wieder Aufpumpen sowie das Aufbocken des Rades entfällt. Der Protektor, auch Lauffläche genannt, besteht inzwischen meist aus einer synthetischen Silica-Mischung, die nicht nur besser in Bezug auf die gewünschten Eigenschaften »gemixt« werden kann (so sind Zwei-Komponenten-Laufflächen – Mitte hart, Flanken weich – möglich), sondern auch nahezu beliebig eingefärbt werden kann, um sich dem Design des Rades besser anzudienen. In die Karkasse sind unter der Lauffläche oft noch zusätzliche hochfeste Gewebelagen eingebacken, die die Widerstandsfähigkeit gegen Durchstiche erheblich verbessern.

Das Reifenprofil spielt beim Straßenrenner keine Rolle, es stört weder, noch nutzt es irgendwem. Die Rauhtiefe der Straßenoberfläche ist so groß, dass ein Profil keine Bedeutung hat, weder bei Trockenheit noch bei Nässe.

Aquaplaning-Gefahr besteht bei der geringen Reifenaufstandsfläche erst jenseits von 130 km/h. Das Profil ist mitunter, vor allem in konservativen Kreisen, eine Sache der Optik, aber die Slicks – so nennt man die profillosen Reifen – haben durch die Möglichkeit der Mehrfarbigkeit das inzwischen interessantere Gestaltungskonzept.

Wer meint, über die im Reifen versteckten Schläuche brauche man keine Worte zu verlieren, kennt die Radler nicht. Primär haben sich Butylschläuche durchgesetzt. Es gibt sie in mehreren Gewichtsklassen: Je dünner der Schlauch, desto leichter ist er, und desto geschmeidiger rollt er, wenn auch dies manchmal mit einer etwas erhöhten Pannenanfälligkeit erkauft wird. Top in Bezug auf Rollverhalten und Pannenschutz sind Latexschläuche, die allerdings den Nachteil einer stark eingeschränkten Dichtigkeit haben: Mit Latex ist spätestens jeden dritten Tag Aufpumpen angesagt.

Wir erwähnten bereits die zweifelhafte Morgenröte des Tubeless-Systems. Das Augenmerk gilt der Entwicklung für die Synthese von Felgen und Reifen, so wie es ja in herausragender Weise bei diesem System der Fall sein soll. Denn es kommt nicht nur der Punkt zum Tragen, dass kein Schlauch mehr benötigt wird und somit als Defektquelle entfällt, sondern auch im Falle eines Luftverlustes, so wird argumentiert, habe das System unübersehbare Vorteile: Der Luftverlust erfolge langsamer, und durch die Humpfelge sitze der Reifen auch noch im Pannenfall sicher auf der Felge, was die Fahrbarkeit des Rades im Pannenfall wesentlich sicherer gestalte. Damit sollte einer der entscheidenden Sicherheitsvorteile des Schlauchreifens gekontert werden. Bezogen aufs Rennrad landete die Entwicklung jedoch in einer Sackgasse – kaufbare Produkte existieren abgesehen von Hutchinsons Atom-Serie nicht.

Dafür gab es aber gerade bei den Schlauchreifen Fortschritte: Die Firma Schwalbe hat mit dem Ultremo Tubular hier eine alte Wolber-Technik verfeinert und einen High-Tech-Schlauchreifen produziert, der mit Erfolg im Rennbetrieb eingesetzt wurde. Die Features: optimaler Rundlauf (bisher ein Manko der Schlauchreifen gegenüber den Drahtreifen), verbesserter Pannenschutz durch doppelten Schutzgürtel, trotzdem geringes Gewicht, und verbesserte Dichtigkeit.

Renaissance dank Carbonfelgen: Schlauchreifen wie der Conti Competition und der Ultremo HT.

Bei diesem Reifen wird der Schlauch einvulkanisiert, dadurch wird ein spontanes Platzen nahezu unmöglich (Sicherheit!), und der Reifen wird so optimal in Form gebracht (Rundlauf). Und solch ein Reifen, wenn auch nicht ganz billig, hat seinen Einsatzbereich. Denn all die Freunde federleichter, ebenfalls nicht ganz billiger Carbonfelgen, deren konstruktive Vorteile vor allem beim zum Schlauchreifen passenden Design zum Tragen kommen, haben jetzt endlich den optimalen Reifen zu ihren schönen Rädern.

Unsere Meinung dazu: Der Schlauchreifen ist nicht tot, wie man lange Zeit meinte, sondern kommt wieder, besser denn je – zumindest in der Oberklasse. Und man darf ja ein wenig träumen: So ein ähnlicher Schlauchreifen, etwas schwerer, etwas robuster, mit zwei kleinen Wülsten links und rechts für die Haken der Drahtreifenfelge ...

Campagnolo hat da andersrum gedacht – beim sogenannten 2-Way-Fit-Felgendesign lassen sich sowohl Draht- als auch Schlauchlosreifen montieren. Vielleicht ziehen ja die Reifenhersteller endlich nach und bieten Tubeless-Reifen auch vermehrt für das Rennrad an. Im Augenblick sieht es allerdings so aus, dass sich die gute Idee nicht am Markt durchsetzen kann.

Noch ein paar Takte zur Dimensionierung der Reifen: Es ist ein weit verbreiteter Irrglaube, dass schmälere Reifen schneller wären. In der Summe die besten Eigenschaften für Profis wie auch für Hobbyisten haben 23er bis 25er Reifen, wenn man die Kriterien Aerodynamik, Rollwiderstand und Beschleunigung betrachtet. Dazu kommen besserer Komfort, höhere Pannensicherheit und besserer Kurvengrip.

Die vormals so beliebten schmalen 20er oder gar 18er sind absolut out, sie sind in nahezu allen performancerelevanten Kriterien unterlegen. Ein feiner Ansatz ist die von Conti entwickelte Vorder-/Hinterradreifenkombination »GrandPrix Attack&Force«: vorne 22 mm für Wendigkeit und geringe Stirnfläche, hinten 24 mm für Pannenschutz und Komfort.

2.2.2 Antrieb

Früher wurden die Komponenten des Antriebs als sogenannte »Gruppe« bezeichnet. Allerdings wurden auch die Sattelstütze und der Vorbau ebenso wie der Steuersatz diesem Themenbereich zugeordnet. In einem gewissen semantischen Widerspruch zum Begriff »Antrieb« steht die Bremsanlage, aber wir wollen sie weiterhin in diesem Themenbereich belassen. Auch die Naben galten als elementarer Bestandteil der Gruppe; im Zeitalter der Systemlaufräder gilt dies jedoch nicht mehr.

Einen Überblick über die Komponenten des Antriebs, der Gruppe gibt es auf der nächsten Seite.

Heutzutage wird die Gruppe als achtteilig definiert, bestehend aus:

1. Bremsschaltgriffeinheit (abgekürzt STI oder EP, steht für Shimano Total Integration und Ergopower)
2. Schaltwerk hinten (abgekürzt RD = Rear Derailleur)
3. Schaltwerk vorne (genannt »Umwerfer«, abgekürzt FD = Front Derailleur)
4. Kurbeln mit Kettenblättern (auch genannt Tretlager, abgekürzt FC = Front Chainwheel)
5. Innenlager (abgekürzt BB = Bottom Bracket)
6. Zahnkranz (auch genannt Kassette oder Ritzelpaket, abgekürzt CS = Cassette Sprocket)
7. Kette (abgekürzt CN = Chain)
8. Bremse(n) (abgekürzt BR = Brake).

Im Folgenden wollen wir uns den Komponenten im Einzelnen zuwenden.

2.2.2.1. Bremsschaltgriffeinheit bzw. Schalthebel und Bremshebel

Seit Shimanos erstem Schritt zum STI hat sich die Kombination von Schalt- und Bremshebeln zu einer Einheit etabliert, wenngleich sich diese Form des Zusammenschließens bisher nur beim Rennrad konsequent durchgesetzt hat. Abgesehen von funktionalen Beweggründen hatte das auch einen machtpolitischen Aspekt, wie vor allem beim Thema Mountainbike zu beobachten war.

Anders als dort waren jedoch beim Rennrad nie ernsthafte Bestrebungen zu beobachten, vom Hersteller A eine Bremsanlage einzubauen, vom Hersteller B jedoch Schalthebel. Initiator war Shimano, beflügelt von den Ideen der Mountainbike-Ingenieure, eine Kombination der zwei Betätigungshebel zu erfinden, die es ermöglichen sollte, aus einer Griffposition beide Betätigungsarten (Bremsen und Schalten) vollständig und sicher auszuführen. Insofern war der erste STI eine Revolution. Die Idee hatten freilich andere schon vorher.

Der in der Radszene bekannte Ingenieur und Tüftler Hans Christian Smolik hatte mit einem in den Bremshebelsockel integrierten Schrittschalthebel in

diese Richtung gedacht und auch ein derartiges System konstruiert und gefertigt. An eine Serienproduktion wurde jedoch nie gedacht.
Am Bremshebel wurde wenig entwickelt, abgesehen von der Verlegung der Bremsbowdenzüge unter das Lenkerband. Zunächst führten die Bowdenzüge in weiten Bögen erst nach oben aus den Bremshebeln heraus. Natürlich war die Verlegung nach innen ein ästhetischer Gewinn, der funktionale Fortschritt resultierte jedoch aus per Federkraft selbstrückstellenden Bremshebeln und einer geschickteren Hebelmechanik, gepaart mit weicheren Rückstellfedern der eigentlichen Bremszangen und mit Teflon ausgekleideten Zughüllen.

An dieser Stelle sollen dem Thema »Seilzüge« ein paar Gedanken gewidmet werden. Dieses System zur Fernbedienung heißt ja auch Bowdenzug. Wie so oft wurde hier ein System nach seinem Schöpfer bezeichnet und dieser Begriff wurde zum Standard. Das System Bowdenzug besteht aus zwei Komponenten, dem Kabel und der Hülle, im Englischen cable und housing genannt. Dieses System wurde, verglichen mit seinen Anfängen, zu einem Ausbund an technischer Raffinesse entwickelt. Ursprünglich wurde zur Übertragung eine aus einer Drahtspirale gewickelte, mit einer flexiblen Hülle fixierte biegsame Röhre geschaffen, die zugleich die Möglichkeit der Verlegung in Bögen und die Aufnahme beträchtlicher Druckkräfte bot.
Auf diese Weise können die beträchtlichen, zur Betätigung einer Schaltung (auf deren spezielle Probleme kommen wir gleich) oder Bremse benötigten Kräfte »ums Eck« übertragen werden. Abgesehen von Druckfestigkeit und Flexibilität gibt es für das Funktionieren dieses Systems ein anderes wichtiges Kriterium, nämlich den Wirkungsgrad, bedingt durch die Reibung des Kabels im Inneren der Hülle. Entscheidend sind hier die Materialien der Oberflächen, am Kabel wie auch in der Hülle. Geschliffene Edelstahlkabel und die Auskleidung mit Teflonrohren sind mittlerweile guter Standard; manche Hersteller ummanteln auch das Kabel mit Teflon, um den Wirkungsgrad zu steigern, ganz abgesehen von einer möglichen Schmierung. Die früher an den Hüllen zu findenden Öler gehören schon länger der Vergangenheit an. Auf die Spitze getrieben wurden diese Ideen in punkto Gleitfaktor von Gore, dem Erfinder des GoreTex (übrigens ein speziell verarbeitetes Teflon) in Form der sogenannten »RideOn«-Kabel.

Der andere Punkte ist die Verlegung: Das »ums Eck« ist keinesfalls wörtlich zu nehmen, zu enge Biegungen erhöhen die Reibung im System und können es gegebenenfalls beschädigen! Der andere Faktor ist die Anzahl der Biegungen. Dass eine gerade Röhre praktisch keine Reibung erzeugt, leuchtet nach kurzem Nachdenken jedermann ein. Mehr Biegungen schaffen mehr Kontaktflächen und damit mehr Reibung.

Die Konkurrenten unter sich: Mechanische Leitzentralen der Brems- und Schaltarbeit.

Der nächste Fortschritt bei den Schaltungen kam – vor dem STI – durch die Einführung der sogenannten positionierenden Schaltung. Das waren Hebel, die pro Gangstufe eine federbelastete Raste aufwiesen und so das dem Anfänger Unbehagen und Unsicherheit verursachende Rühren im Getriebe zu vermeiden halfen. Unsere konservativen Freunde fanden das gar nicht gut, denn »Schaltenkönnen« schied die Männer von den Knaben. Aber der Markt, beflügelt von vielen rennradbegeisterten Laien, die zielsicher nach dem »einfach« zu schaltenden System verlangten, regelte auch das. Die Click-Schaltung wurde geboren (auch hier war Shimano mit der Positron-Schaltung einer der Vorreiter), genannt SIS (für Shimano Index Shifting). Campagnolo zog mit dem Syncro-Hebel nach. Dieses Teil wurde von dem ruhrpottelnden Kolumnisten der *Tour* zu jener Zeit allerdings als »dat einzige Teil, wat du von Campa nich nehmen sollst« abqualifiziert.

Damit war die Positionierung im Markt und in den Köpfen verankert, und die japanischen Erfinder wollten nun den ergonomischen Overkill. Und da kam eine neue Idee ins Spiel, denn sehr wichtig waren für eine solche Schaltung Bowdenzüge mit möglichst geringer Längselastizität. Irgendwer hatte dann die Idee, die Spirale in der Hülle durch eine Längsverdrahtung zu ersetzen, um den gewünschten Effekt zu erzielen, was auch blendend funktionierte und ein wichtiger Baustein für den Erfolg des STI-Systems wurde.

Als allerdings einige Schlauberger danach trachteten, mit diesen Hül-

Der Syncro-Schalter von Campa ermöglichte (theoretisch) schnellere Gangwechsel.

len ihren Bremsen einen trockeneren Druckpunkt zu verleihen, erlitten sie Schiffbruch – diese Hüllen mit Längsverdrahtung neigen bei den hohen Lasten, die eine Bremse fordert, zum Aufplatzen und somit zum Totalausfall des Systems. Also Vorsicht!

Schlaue Leute bastelten denn auch ein System einer mit Kugel- und Pfannengelenken ausgestatteten und somit flexiblen Aluröhre: Die TrackPearls waren geboren – teuer in der Anschaffung, fummelig in der Montage, aber durchaus brauchbar im Einsatz!

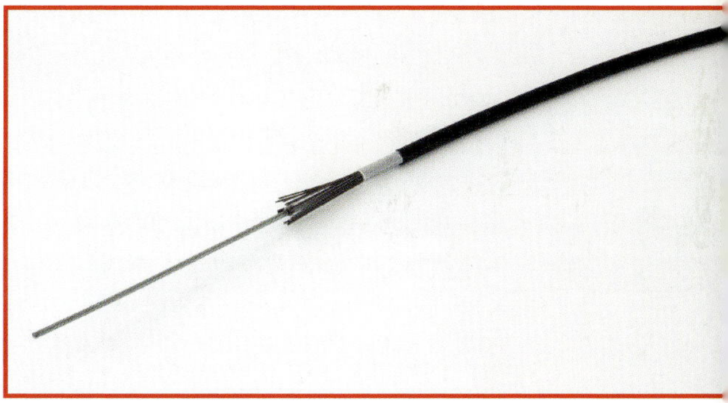

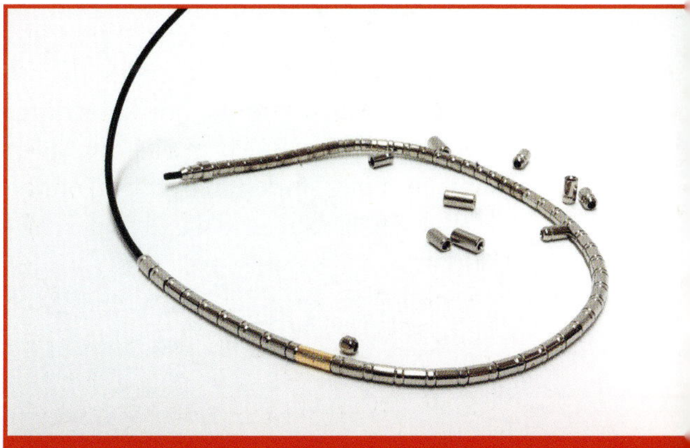

Schaltbowdenzüge: Einmal klassisch (oben), darunter Konkavex, die Alternative von Nokon.

Anders als beim Syncro-Schalthebel gab sich Campagnolo bei seinem Ansatz, dem Rennrad-STI Paroli zu bieten, mehr Mühe – ein Fehlschlag wäre wohl der Nagel im Sarg des kränkelnden Herstellers geworden – und schuf den »Ergopower«, der, wenn gleich nicht ganz so ergonomisch perfekt, dem Wunsch nach Eleganz am Lenker wieder mehr Raum verlieh (die STIs waren ganz schön klobig im Vergleich zum alten Bremshebel), insbesondere durch Verlegung aller Kabel unter dem Lenkerband. Man kann geradezu sagen, dass das Wiedererstarken von Campagnolo ein Erfolg des Ergopower war. Inzwischen ist der Ergopower ein technologisches Schmuckstück!

Jetzt zog aus ästhetischen Gründen Shimano nach, jedoch mit etwas zweifelhaftem Erfolg. Die Kabelverlegung unter dem Lenkerband ist zumindest der Funktion der Schaltung nicht so gut bekommen – die alte, bestechende Schaltpräzision blieb unserer Meinung nach dabei etwas auf der Strecke.

Um sich von den wahrhaft etablierten Rennradkomponentenkönigen absetzen zu können, musste sich der im MTB-Bereich bereits gut etablierte Mitbewerber SRAM etwas einfallen lassen, um sofort punkten zu können (abgesehen davon, dass Top-Profi-Radteams mit entsprechend ausgerüsteten Rädern die Tour de France bestreiten): »Double Tap« heißt der erste der beiden Kampfbegriffe, die den wesentlichen Unterschied benennen. Es gibt nur einen Schalthebel, um hinauf oder hinunter zu schalten, seine Funktion ist also »double«, klicken oder drücken, um es auf eine knappe Formel zu bringen. Durch Antippen (= klicken) schaltet man auf das kleinere Zahnrad, durch Drücken spannt man das Schaltseil und zieht die Kette auf das größere Zahnrad.

Dabei hat SRAM seine seit langem in der Mountainbike-Szene etablierte 1:1-Übersetzung der Schaltungsbetätigung auch beim Rennrad eingeführt. Bei Betätigung der Schaltung wird so viel Schaltseil in Millimeter gemessen eingeholt oder ausgegeben, wie das Schaltwerk an Weg zurücklegt (anders als bei den großen Mitbewerbern, wo nur etwa die halbe Seillänge im Verhältnis zum Weg des Schaltwerks bewegt wird). Das Ganze nennt sich, da durch mehr Seilweg die Betätigungskräfte im Seil und damit auch die Reibung reduziert werden, zu Recht »Exact Actuation«.

Ein klarer Trend und Fortschritt ist aber sicher der Einzug der Elektronik in den Schalthebeln bzw. den Schaltapparaten insgesamt. Shimano hat mit der Dura-Ace Di2 bewiesen, dass die Technik mehr als gut funktioniert. In Sachen Schaltpräzision ist sie den normalen Systemen einfach überlegen. Selbst der vordere Umwerfer denkt mit und richtet sich je nach hinten gewähltem Gang so aus, dass die Kette nicht schleift. Diese Technik wird jetzt im Übrigen auch in der wohl verbreitetsten Rennradschaltgruppe, der Ultegra, eingesetzt und steht der großen Schwester funktionell praktisch nicht nach, außer den obligaten 10 Prozent Mehrgewicht. Nach jahrelangen Spekulationen um ihre Existenz hat auch Campagnolo mit den EPS-Serien nun eine Elektronikschaltung im Sortiment. Wie bei den Japanern nehmen chipgesteuerte Stellmotoren in Schaltwerk und Umwerfer die Befehle aus dem Schalthebel an. Die Stromversorgung übernimmt analog ein separater Akku. An dieser Stelle wollen wir noch mal kurz einhaken: Unserer Meinung nach ist hier optisch und gewichtstechnisch noch Verbesserungsbedarf erkennbar. Die derzeitigen Akkus sind nicht gerade Schönheiten am bis zur kleinsten Schraube perfektionierten Carbonrenner und sie scheinen mit ihrer viele Tausend Kilometer reichenden Schaltbereitschaft (bevor sie nach erneuter Ladung verlangen) eher überdimensioniert. Unser Wunsch: vielleicht eine AA-kompatible Variante – da gäbe es die Möglichkeitan, an der nächsten Tankstelle an frischen »Saft« zu kommen, falls die Schaltung doch nicht mehr möchte, oder den Strom gleich aus einem passenden Computer am Lenker zu ziehen – ein Gerät ähnlich dem Garmin 500 wäre eine schöne Denkvariante, mit GPS und Leistungsanzeige. Das kommt in nicht allzu ferner Zukunft, davon sind wir überzeugt. Ob man das braucht oder nicht, wird sowieso jeder für sich entscheiden.

2.2.2.2. Schaltwerk hinten (abgekürzt RD = Rear Derailleur)

Im Wesentlichen besteht das Schaltwerk aus dem oberen Teil, der Halterung mit dem Parallelogramm, und dem unteren Teil, dem Kettenspanner mit Leit- (obere) und Spannrolle (untere).

Dem Schaltwerk fällt die Aufgabe zu, entsprechend den Befehlen des Schalthebels bzw. des Fahrers die Kette genau auf das gewünschte Ritzel zu transportieren und dort zu führen. Mit Hilfe des Parallelogramms wird nun die Führung der Kette, bestehend aus den Leitblechen und der Leitrolle – welche letztlich zusammen mit beiden Rollen und der Spannfeder den Spanner, also das untere Teil des Schaltwerks, bilden – parallel verschoben.

Aufgrund der verschiedenen Übersetzungen wäre jeweils eine andere Kettenlänge nötig, denn die Kette soll sich ja immer in einem definierten Spannungszustand befinden, da sonst ihre Neigung, bei dem bei einer Kettenschaltung zwangsläufig entstehenden Schräglauf vom Kettenblatt zu springen, ziemlich unerträglich wäre. Mit Hilfe des Kettenspanners wird dabei »Kette auf Vorrat« genommen oder freigegeben, er kompensiert also die durch den Schaltvorgang entstehende Längenänderung der Kette.

Die entscheidende Entwicklung bei diesem Bauteil war wohl die Erfindung des Schrägparallelogramms – und zwar aus Japan, aber einmal nicht von Shimano, sondern von der damals noch bedeutsamen Konkurrenz namens Suntour. Inzwischen baut alle Welt alle Schaltwerke im hochwertigen Bereich nach diesem Prinzip.

Wesentlich dabei ist, dass die Bewegung der Leitrolle nicht mehr auf einer kreisbogenförmigen Bahn – die zudem unpassend zur Folge der Ritzelgröße und dadurch relativ weit entfernt von den Ritzeln – hin und her geschwenkt wird, sondern dicht an der Kontur des Zahnkranzes entlang geführt wird. Dadurch wird ein präziseres, schnelleres Schalten möglich.

Aber auch früher wusste man sich zu helfen: Der Kettenspanner war am Parallelogramm so angelenkt, dass er wenigstens teilweise, nämlich mit der Leitrolle der Zahnkranzkontur, folgen konnte.

Der Schaltvorgang bei einer Kettenschaltung benötigt eine möglichst zügig laufende Kette, bedeutete früher aber auch in beiden Schaltrichtungen eine Zugkraftunterbrechung. Insofern war ein möglichst kurzer Schaltvorgang von jeher angestrebt. Ein solcher Gangwechsel ließ sich jedoch nur mit einem relativ ausgeprägten »Überschal-

Carbon, Titan und Aluminium: Die Zutaten für leichte Präzisionsschaltwerke ...

... und ihre elektronischen Geschwister mit Stellmotoren und »Stromanschluss«.

ten« herbeiführen. Das bedeutet, dass das Schaltwerk zunächst immer etwas weiter als zur angesteuerten Ritzelposition geführt werden musste, um die seitliche Elastizität der Kette zu kompensieren, und dann – sobald die Kette auf dem passenden Gang zu liegen kam – schnell wieder exakt »auf Position« gebracht werden musste. Denn erst dann konnte die Kette wieder richtig belastet werden.

Wichtig: Die modernen positionierenden Schalthebel simulieren dieses Überschalten automatisiert in abgeschwächter Form.

Es leuchtet ein, dass eine Führung der Kette dicht am Zahnkranz entlang diesen Vorgang erleichtert. Aber abgesehen von der speziellen Ritzeltechnik, wie sie in den modernen Hyperglide- und Exa/Ultra-Drive/Shift-Kränzen verwirklicht ist, ist eine positionierende Schaltung ohne diese enge Führung nur eingeschränkt funktionsfähig.

Eine besondere Funktion kommt dabei auch der Leitrolle zu. Natürlich sollte sie die Kette möglichst exakt führen. Auf der anderen Seite entstehen durch den Schräglauf der Kette leichte Unsauberkeiten in der Kettenlinie; dies kompensiert eine seitlich um etwa einen Millimeter verschiebbare Leitrolle – was wiederum ein umso ausgeprägteres Überschalten erfordert.

Je nach benötigter Längenänderung der Kette – bedingt durch die Größen-

Umwerfer von Campa, SRAM und elektrisch von Shimano.

unterschiede bei den Ritzeln, aber auch bei den Kettenblättern – muss der Spanner entsprechend dimensioniert sein: Je nach dessen Länge kann er mehr oder weniger Kette aufnehmen. Man spricht dabei von seiner Kapazität. Diese lässt sich in einer Zahl ausdrücken: Die Kapazität ist die Differenz der Summe der Zähnezahlen zwischen der längstmöglichen Kettenlinie (vorne groß, hinten groß) und der kürzestmöglichen Kettenlinie (vorne klein, hinten klein).

Für die verschiedenen Konstellationen am Rennrad, also abhängig von Zahnkranzgröße und 2- oder 3-fachem Kettenblatt ergibt sich der Bedarf nach Schaltwerken mit verschiedenen Kapazitäten. Campagnolo bietet demzufolge sogar die Versionen kurz, mittel und lang an.

2.2.2.3. Schaltwerk vorne, (genannt »Umwerfer«, abgekürzt FD = Front Derailleur)

Bei diesem Bauteil passt der alte Begriff »Werfer« ganz gut, wird doch die Kette vom größeren auf das kleinere Blatt heruntergeworfen, während die Bewegung auf das größere Blatt treffend als ein Hinüber- und Hinaufdrü-

cken beschrieben werden kann. Vor allem vor der Erfindung der Schalthilfen an den Kettenblättern konnte der Schaltvorgang kaum anders genannt werden.
Gerade bei diesem Bauteil wird die Verzahnung verschiedener Baugruppen als System sehr gut sichtbar. Kette, Schaltwerk bzw. Umwerfer und Zahnräder bilden ein vernetztes System, in dem die Kette steigt, anstatt gewuchtet zu werden.

Beim Umwerfer war das gute alte Standard-Parallelogramm nach einem Abstecher Richtung »schräg« schnell wieder zu Ehren gekommen: Alle gegenwärtigen Werfer sind wie die Klassiker »parallel ohne schräg« ausgeführt. Beim Umwerfer gibt es abgesehen von den der Schaltbewegung dienenden keine beweglichen Teile, auch wenn Shimano bei der Mountainbike-Gruppe XTR zeitweise mit einem variablem Umwerferkäfig experimentierte.

Auffällig sind jedoch die Profile der Umwerferkäfige – gerade bei den Exemplaren, die für dreifache Kettenblätter gedacht sind, um die Kette auf der jeweiligen Höhe des aktuellen Blattes zwecks schnellen Schaltvorgangs optimal führen zu können. Campa bot zwischenzeitlich einen speziellen CT-Umwerfer an, hat davon aber wieder Abstand genommen.

Der Arbeitsbereich des Umwerfers ist durch die Länge des Parallelogramms definiert: je länger, desto größer der Schwenkbereich. Auch die Form des Käfigs spielt eine Rolle: Für größere Hubarbeit muss die Öffnung tiefer nach unten gezogen sein.

Ein weiterer Punkt ist die Anpassung an den Winkel zwischen Kettenstrebe

10-fach-Schalthebel aus dem MTB-Regal angepasst an die Rennradtechnik zum Einsatz an den immer populärer werdenden geraden Lenkern beim Fitnessbike.

und Sattelrohr, an dem der Werfer montiert ist. So ist bei den sogenannten Trekking- und Fitnessbikes dieser Winkel um ca. drei Grad enger als beim Mountainbike. Das Fenster, in dem ein solcher Umwerfer korrekt arbeitet, ist umso enger, je mehr Gänge das Rad besitzt. Wenn also ein solches »Rennrad mit geradem Lenker« mit einer Mountainbike-Gruppe aufgebaut werden soll (beispielsweise um extreme Übersetzungen zu ermöglichen), ist darauf besonders zu achten.

Eine Angelegenheit besonderer Art ist auch die Befestigung des Umwerfers am Sattelrohr. Beim Rennrad findet man eine spezielle Befestigung, die aus den Zeiten des hoch entwickelten Stahlrohrrahmens herrührt. Dort war ein sogenannter Anlötsockel vorgesehen. Im Zuge der Weiterentwicklung der Rahmenmaterialien wurden jedoch mehr und mehr Lösungen mit Schellenbefestigung bevorzugt.

Anlötsockel sind ein Relikt aus der Stahlrahmenzeit, aber nicht zwingend die beste Lösung, auch wenn sie im Carbonrahmenbau durchaus wieder sinnvoll sind.

Weg vom Umwerfer – mit einer Getriebenabe?

Angesichts all dieser Überlegungen kommt ein gänzlich neues und zugleich sehr altes Produkt wieder ins Gespräch: die Getriebenabe. Seit der guten alten Torpedo-Dreigangnabe mit und ohne Rücktrittbremse ist die Technik fortgeschritten. Allerdings galt diese Erfindung nur etwas in der Szene der Alltagsräder.

Bis Meister Rohloff kam, der, mit diesem Zustand unzufrieden, das anscheinend Unmögliche möglich machte und für das Mountainbike eine Getriebenabe schuf, die in der Bandbreite der Übersetzung und den Abstufungen der Zahl und der Folgerichtigkeit nach einer Kettenschaltung mit 24 oder 27 Gängen in nichts nachsteht.

Auch wenn sie am Rennrad nichts verloren hat, sei doch kurz diskutiert, warum. Ein primäres Problem ist der Wirkungsgrad. Die klassische Getriebenabe mit drei bis sieben Abstufungen hatte einen Wirkungsgrad von etwa 87–95%. Fürs Semmelnholen um die Ecke mag das taugen, aber im Sport, wo mit Grammen gegeizt wird und Performance zählt, war das gegenüber dem Kettenantrieb mit 95-98% Wirkungsgrad nicht akzeptabel.

Durch exaktes Fertigen und sorgfältige Lagerung aller bewegten und bewegenden Teile konnte der Wirkungsgrad von Meister Rohloffs Produkt auf ein relativ hohes Niveau gehievt werden. Allerdings ist Schmutz auf der Kette beim Rennrad in der Regel kein Thema, und somit auch nicht die in Zusammenhang mit dem Schräglauf verschlechterte Energiebilanz.

Sehr stark ins Gewicht fällt aber das hohe Eigengewicht der Nabe. Und noch eins: die Gangabstufungen sind fürs Mountainbike sicher optimal, fürs Rennrad jedoch zu weit gestuft. Abgesehen davon wäre eine konstruktive Anpassung an die Einbauweite des Rahmens nötig. Aber ein Fitnessbike mit Getriebenabe – warum nicht?

Shimanos aktuellste Entwicklung ist die ähnlich der Rohloff gedichtete und ölbadgeschmierte Alfine 11-Gang-Nabe mit 409% Bandbreite. Auch wenn diese noch keine Lösung fürs Rennrad darstellt, fürs Fitnessbike – also das etwas entspanntere Rennrad – ist das definitiv ein zukunftsfähiger Ansatz.

2.2.2.4. Kurbeln mit Kettenblättern* und Innenlager* *

Diese beiden Komponenten möchten wir zusammengefasst besprechen aus Gründen, die später einleuchten werden. Das Tretlager ist eine Komponente, die gerne für Verwechslungen sorgt. Manche sprechen von Pedalen, meinen aber die Kurbeln oder das Innenlager, also die gelagerte Welle, um die sich das Ganze dreht.

Shimanos 11-Gang-Getriebenabe ist ein faszinierendes Stück Technik – wenn auch am Rennrad nur wenig sinnvoll.

* (genannt Tretlager, abgekürzt FC = Front Chainwheel)
* * (abgekürzt BB = Bottom Bracket)

Auf »Shimanoisch« heißt das Ganze »Front Chainwheel«, abgekürzt FC, was auf gut deutsch vorderes Kettenrad bedeutet, während das Innenlager »Bottom Bracket« genannt wird, abgekürzt BB, zu Deutsch unteres Verbindungsteil, das zwischen den beiden Kurbeln nämlich. Wir nennen es der Einfachheit halber Kurbelsatz mit Innenlager. Letzten Endes müssen bei dieser Antriebseinheit immer wieder bestimmte Funktionen durch mehr oder weniger ähnlich gestaltete Bauteile ausgeführt werden.

Somit besteht das alles, von der Funktion her betrachtet, aus:

- Lagerung im Rahmen
- Tretkurbeln
- Verbindung der Kurbeln
- Kettenblättern.

Die Anfänge waren bescheidener Natur, aber prinzipiell finden wir heute im Spitzenbereich die gute alte Basistechnik. Gehen wir einfach von innen nach außen vor.

Auch heute noch gibt es im BMX-Bereich Kurbelsätze, wo Kurbeln und Welle ein einziges Bauteil sind. In der klassischen Radsporttechnik sind diese Bauteile getrennt. Die Welle dient zusammen mit ihren Wälzlagern der Lagerung im Rahmen, der kraftschlüssigen Verbindung der beiden Tretkurbeln, und der (Tret-)Kraftübertragung auf die Kettenblätter und von dort auf die Kette.

Standard der Verbindung zwischen Kurbeln und Welle war hier bisher der Vierkant, ganz nach alter Väter Sitte (vorherige Systeme in Stahl mit Verkeilung unterschlagen). So hat sich besonders Campagnolo lange geweigert, den guten alten ISO-Vierkant ins Altersheim zu schicken, der sich nebenbei bemerkt von dem JIS-Vierkant fernöstlicher Prägung unterscheidet (JIS = Japanese Industrial Standard, sozusagen die japanische DIN; ISO = International Standardization Organisation).

Gelagert wird die Welle im Rahmen in der Regel mit Kugellagern, seltener auch mit Kegelrollen- oder Nadellagern. Die im Tretlager auftretenden Kräfte sind mit konventionellen Kugellagern leicht beherrschbar, wodurch keinerlei Notwenigkeit besteht, hier auf aufwändigere Lösungen zurückzugreifen.

Anders sieht es bei der Welle selbst aus, und letztlich dienten alle Ansätze einer Alternative in punkto Lagerung eigentlich dem Ziel, eine Welle von höherer Torsions- und vor allem Biegesteifigkeit zu integrieren. Zugleich wollte man das Wartungsproblem lösen, in dem man die durch fehlerhafte Einstellungen oder mangelnde Schmierung sehr schnell defekten Lagerungen gegen derlei Anfälligkeit schützen wollte. Bekannt sind hier zum Beispiel die Versuche der beiden Garys – Klein und Fisher – mit in den Rahmen eingepressten Industrie-Rillenkugellagern.

Verschiedene Achslager: Campa Vierkant, ISIS-Lager, Shimano Octalink und durchgehende Welle.

Nur waren diese Lager sehr schwer auszutauschen, vor allem die – zugegebenermaßen robusten – Wellen, falls man eine andere Achslänge benötigte.

Klassische Innenlager werden in den Rahmen eingeschraubt – zu den Standards später mehr – und dabei eingestellt. Shimano brachte wie schon andere Hersteller zuvor die Idee zu großer Verbreitung, eine bereits perfekt vormontierte Lagerpatrone als Einheit in den Rahmen einzuschrauben und so das Wartungsproblem zu tilgen. Die Biege- und auch die Torsionssteifigkeit der Welle

Cannondales Sl Hollowgram-Kurbel ist extrem steif, superleicht und technisch schön!

aber ist ein Problem ihres Durchmessers und ihrer Länge.

Zunächst wurde der Weg beschritten, die Wellen per vergrößerter Kurbelkröpfung kürzer zu machen, damit die Wellenzapfen weniger aus dem Gehäuse ragen und so den Biegekräften weniger Hebelarm bleibt. Was aber insofern ein Trugschluss ist, als ja der gesamte Hebelarm von der Trittfläche des Pedals in Rechnung gestellt werden muss, und der Pedaloffset hängt mehr von der Breite des Rahmenhinterbaus ab – denn an diesem müssen die Füße und Pedale auf ihrer kreiselnden Bahn irgendwie vorbei. Außerdem biegt sich die Welle zwischen den Lagern um so mehr durch, je weiter diese auseinander liegen. Die Welle sollte also dicker werden, um Biegung und Torsion besser in den Griff zu bekommen.

Da aber die Rahmenabmessungen feststehen – wer wollte es wagen, einen neuen Tretlagergehäuse-Durchmesser im Rahmen zu definieren – und die Lager ja eine gewisse Kugelgröße brauchen, war dem Durchmesserwachstum der Wellen eine natürliche Grenze gesetzt.

Shimano startete mit dem Octalink-System und einer im Durchmesser vergrößerten Welle (die – sehr aufwendig – radial mit Nadeln und axial mit besonders kleinen Kugeln gelagert war) bei den Edelgruppen Dura-Ace und XTR hoffnungsvoll in ein neues Zeitalter der Tretlagerung. Jedoch hatten genau diese Lager wieder das Problem der Einstellung und der Wartung (was zahlreiche und dem Image abträgliche Defekte zur Folge hatte), und die preiswerteren Versionen diese Systems hatten beim Wellendurchmesser einen zu geringen Vorteil. Auch wenn die Konkurrenz binnen kurzem mit dem sogenannten ISIS-System nachzog, tat sie doch nichts anderes, als den Irrwegen des Marketings – Änderungen um jeden Preis – zu folgen. Denn die schlauen Japaner hatten weitergedacht und wieder eine heilige Kuh geschlachtet, um das Problem einer wirklich steifen Welle zu lösen. So kommt es, dass die aktuellen Kreationen unser marktbeherrschenden Freunde mit auf die Welle geklemmter linker Kurbel unterwegs sind, ganz so, wie es im BMX-Sektor seit geraumer Zeit erfolgreich praktiziert wird.

Campa musste nachziehen und hat sich endlich vom Vierkant verabschiedet und ein neues System präsentiert, das sogenannte »Ultratorque«-Kurbelsystem, bei dem jeder der beiden Kurbelarme mit einer Achshälfte, auf der jeweils ein aufgepresstes Rillenkugellager sitzt, fest verbunden ist. Diese beiden Hälften werden in der Mitte durch eine Hirth-Verzahnung mit einer einzelnen Schraube verbunden. Auch wenn das jetzt ersteinmal kompliziert klingt, hat die Praxis gezeigt, dass dies ein sehr gut funktionierendes System ist, immer unter der Voraussetzung einer optimalen Montage und einer perfekten Rahmenpassung!

Campas Ansicht einer optimalen Achs-/Lagerkonstruktion hat sich in der Praxis schon bewährt.

Die Lagerung der Welle liegt jetzt außerhalb des eigentlichen Gehäuses in separaten eingeschraubten oder gar eingepressten (Press-Fit!) Einheiten. Damit wird die Stützbreite vergrößert – was den Hebelarm des Pedals erstmals wirklich verkürzt – und zugleich der Lager- und damit vor allem der Wellendurchmesser entscheidend vergrößert. Zwei Fliegen mit einer Klappe! Und es scheint auch mit dem Downgrading zu funktionieren: Alsbald wurde dieses System auch für die Ultegra- und die 105er-Gruppe vorgestellt.

Auch wenn die Techniker aus Italien, die, wie oben erwähnt, länger als alle anderen am Vierkant festhielten, solcherlei Irrwegen nicht aufgesessen sind, soll nicht verschwiegen werden, dass die Idee, an der Tretlagerwelle Gewicht zu sparen, zur Idee mit den Titanwellen führte, was aber die Elastizität dieser Welle noch deutlich steigerte (vgl. Rahmen und Material).

Auch wenn Schrägkugellager für Wellendurchbiegung relativ empfänglich sind, war damit doch des Guten zu viel getan. Vierkant-Titanwellen jedenfalls gehören der Geschichte an, auch wenn der eine oder andere Nischenhersteller immer wieder versucht, dieses Material ins Spiel zu bringen. Zu weich, zu teuer, aus.

Dank dem Mut einiger innovativer Ingenieure zum Bruch mit »Gottgegebenem« wie beispielsweise BSA-Tretlagergewinden, vor allem bei den neuen Carbonrahmen, hat sich so einiges Positives getan: Direkt eingelegte Lager und größere Achsdurchmesser wie etwa beim neuen BB30 Standard (30 statt 24 mm wie bei Hollowtech von Shimano) lassen auch leichtes Aluminium als Wellenmaterial wieder ins Spiel kommen! Leicht und stark dank Durchmesservergrößerung – hatten wir das nicht schon mal?

Machen wir weiter mit den Kurbeln. Während die linke Kurbel eine vergleichsweise simple Konstruktion darstellt, ist die rechte, bedingt durch ihre komplexere Aufgabenstellung, auch aufwändiger geformt. Denn die Kräfte der beiden Kurbeln müssen in die Kettenblätter eingeleitet werden. Bei höherwertigen Komponenten verbietet sich die Einheit von Kurbel und Kettenblättern.

Trotzdem hat Cannondale einstmals den Bock geschossen, eine sehr teure Kurbel zu verbauen, bei der, da alle drei Blätter zu einem Block zusammengefasst waren, nach dem Verschleißen eines Blattes der ganze Block Abfall war. Im Allgemeinen werden die Kettenblätter austauschbar ausgeführt, zumindest im Bereich der hochwertigen Komponenten. Die Kettenblätter sind an den sogenannten Kurbelarmen befestigt, die den sogenannten Kurbelstern bilden. Dieser war zunächst ein eigenständiges Bauteil, welches per Verschraubung, Verpressung, Vernietung oder Verklebung an der rechten Kurbel befestigt war. Bald fanden sich zumindest im Rennradbereich im

Sektor der radtechnischen Erhabenheit fast nur noch einteilige, geschmiedete Kurbeln. Die höchste Güteklasse stellt das sogenannte Kaltschmiedeverfahren dar, bei dem aus einem kalten Halbzeug in einem oder mehreren Arbeitsgängen der Kurbelrohling gefertigt wird.

Mittlerweile ist auch hier wieder ein Wandel eingetreten, und zwar nicht nur bei kleinen Edelherstellern wie Tune oder FSA, wenn auch jeweils aus unterschiedlichen Gründen. Shimano nahm – womöglich inspiriert von den aus Stahlrohr geschweißten Kurbeln von Syncros – die Idee der Rohrkurbel ernst und schuf mit der Hollowtech-Idee eine neue Generation leichter, besonders steifer, wenn auch durch ihre voluminöse Form etwas plumperer Kurbeln. Und zum Teil mehrteilig: der Kurbelstern ist bei manchen Mustern wieder ein separates Bauteil. Nicht vergessen sollte man auch, dass das Design der Kurbel einen prägenden Einfluss auf das Design des gesamten Rades hat – und Aluminium als Werkstoff auch immer ähnliche Lösungen produzierte.

Was blieb da den anderen Herstellern, um sich vom Marktführer optisch und technologisch abzusetzen? Stahl – hatten wir schon genannt: Syncros scheiterte letztlich mit dieser Idee. Titan – keine leichte Aufgabe für diesen äußerst schwer zu bearbeitenden Werkstoff, doch auch dieses Ding wurde gemacht, von IBS. Erfolg: Zero.

Hohle Kurbel auf Octalink: Geringes Gewicht, hohe Steifigkeit – zumindest besser als der alte Vierkant.

Verbundmaterial? Zwei der ersten Kurbeln, die das Prädikat funktionierend und marktgängig verdienen, waren die von FSA und Race Face. Und beide waren Skelettkonstruktionen: bei R.F. ein Exo-, bei FSA ein Endoskelett. Hier wurden die Vorteile von Aluminium und Carbon gut unter einen Hut gebracht, doch mittlerweile gab es reine Aluminiumkonstruktionen, die preiswerter und leichter und steifer waren: aus Shimanos Schmiede.

Auch die Versuche von Storck, mit einer Carbonkurbel zu reüssieren, waren von nur bescheidenem Erfolg gekrönt. Aber die Italiener, seit einiger Zeit auf dem Carbontrip (Ergopower), ließen nicht locker und stellten eine Carbonkurbel vor, die den Namen auch wirklich verdient. In der zweiten Generation konnte man den Aluminiumanteil – der sich ohnehin auf die mechanisch mit hoher Punktbelastung beaufschlagten Teile Vierkant und Kurbelgewinde beschränkte – noch einmal deutlich verkleinern. Hier handelt es sich wirklich um eine Vollcarbonkurbel. Zudem versteifte man sich nicht mehr darauf, die Oberfläche in klassischer Manier »bidirektional« zu gestalten, sondern ging zu dem schillernden, preiswerter zu fertigenden multidirektionalen Carbon über.

Inzwischen gibt es diese Kurbel nicht nur in der (Super-)Record-, sondern auch in der Chorus-, Athena und Centaur-Version. Man hört nichts von Defekten, die Kurbel ist leichter und steifer zugleich als ihre Aluminium-Pendants.

Unsere Prognose: Campagnolo wird sich damit durchsetzten. Sogar den ollen Vierkant haben die Italiener endlich abgeschafft und bieten ein modernes Hohlwellensystem.

Die letzte Komponente des Tretlager-Ensembles sind die Kettenblätter. Da ist und bleibt Aluminium State of the Art. Kettenblätter aus Stahl oder Titan findet man allenfalls beim »granny gear«, dem kleinen Blatt der Dreifach-Kurbel in preiswerten Versionen. Und Tunes Kettenblätter aus Carbon bzw. Carbon-Titan-Mix sind wohl nur für diejenigen, denen Leichtbau über alles geht!

Überhaupt kam mit dem Mountainbike etwas Neues ins Spiel: Die benötigte Übersetzungsbandbreite stieg an – das dritte Kettenblatt wurde unerlässlich, zumindest für die breite Masse der Biker. Racer hingegen fahren beim CC-Race meist auf der großen Scheibe, selten auf dem mittleren Blatt, so gut wie nie auf dem »granny (= Oma!) gear«.

Damit sind wir wieder bei einer der Diskussionen, die im konservativen La-

Shimano war mit seiner Compact-Kurbel ein Nachzügler, jetzt sind die »Kleinen« die Topseller.

ger gern vom Zaun gebrochen werden, denn ausgehend vom Trend des Mountainbikes setzte sich für den Hobbybereich die dreifache Kurbel auch beim Rennrad schnell durch.

Ein heilige Kuh, galt doch bei den heroischen Tretern der Rennradkurbeln der Satz von der »harten Übersetzung«, die den Fahrer macht. Mit einer »leichten« Übersetzung zu fahren ist doch keine Leistung! Von Physik haben die Vertreter dieser Meinung jedenfalls keine Ahnung. Egal, mit welchem Gang man den Berg hochfährt, es zählt nur die Zeit, die man braucht, bis man oben ist. Leistung ist der Quotient von Arbeit pro Zeit, und Arbeit das Produkt von Kraft mal Weg. Wobei hier die Kraft das Gewicht des Fahrers plus Rad darstellt und der Weg den Höhenunterschied, der bewältigt wird.

Also, lieber Ritter der dreifachen Zunft, lassen Sie sich keinen Bockmist erzählen, halten Sie es mit Lance Armstrong und reiten Sie die Berge hochfrequent mit leichter Übersetzung hinauf. Gesünder ist es obendrein – außer, man leidet gerne. Aber das hat weniger mit Physik als mit Psychologie zu tun.

Abgesehen vom Material und der Zähne- und Blattanzahl hat es auch beim Kettenrad eine kleine Revolution gegeben. Die Schalthilfe hat Gangwechsel mit Leichtigkeit auch unter – wenngleich nicht allzu hoher – Last möglich gemacht. Was dem Zahnkranz sein Hyperglide, Exadrive o.ä. ist, ist dem Kettenblatt das Hyperdrive C und so weiter.

Auch hier hatte Shimano mit der neuen Dura-Ace einen Maßstab gesetzt: so weich und geräuschlos stieg noch keine Kette unter Last vom kleinen aufs große Blatt. Hier steckt noch vieles an Entwicklungsmöglichkeiten verborgen. Als Sonderfall kamen die sogenannten Kompaktkurbeln ins Spiel. Sonderfall deshalb, weil der »rennradtechnische Außenseiter« FSA aus Taiwan damit anfing. Sie bewirken durch die Abstufung 50–34 oder 48–34 eine breite Spreizung der Übersetzung, ohne ein Dreifach-Kettenblatt zu erfordern. Fahrtechnisch ist die Orientierung stärker ein Entweder-Oder. Die ungewohnten Gangstufen erfordern ein Umstellen der Gewohnheiten (man darf sich nur nicht der ehemals tief verwurzelten Angst vor »diagonalen« Gängen hingeben!). Zumindest Campagnolo ist konsequent auf diese Spielform eingestiegen und bietet auch gleich passende Umwerfer an. Inzwischen hat sich die Lösung »2-fach Kompakt« im Markt fest etabliert und läuft, dank entsprechend abgestimmter Zahnkränze, zumindest im Hobby- und Freizeitbereich der »Triple-Lösung« den Rang ab.

SRAM nennt seine Lösung »WiFLi« und packt damit die Argumente gleich in die Bezeichnung, denn die Übersetzungsbandbreite wird weiter (»wider«), Schalterei und Justage gehen schneller (»faster«) vonstatten, und das ganze System wird leichter (»lighter«).

2.2.2.5. Zahnkranz (auch genannt Kassette oder Ritzelpaket, abgekürzt CS = Cassette Sprocket)

Inzwischen sind wir jenseits der Zehn, nämlich bei der Elf angelangt. Und es war genauso wie damals, als die erste Gruppe mit einem Achtfach-Zahnkranz vorgestellt wurde: Die Frage »Wie kann das gutgehen?« stand wieder im Raum. Die Aussage eines bekannten Rennfahrers steht als Leitspruch der Techniker im Raum: Im Prinzip kann ein Rad gar nicht genügend Übersetzungsmöglichkeiten bieten!

Ende der Achtziger stellte Shimano den ersten Achtfach-Kranz mit der Dura-Ace vor. Das war sicher ein mutiger Schritt, aber kurz darauf stellte eine ganz andere Neuentwicklung den entscheidenden Sprung ins neue Zeitalter dar. Hyperglide, abgekürzt HG, ward geboren: der erste lastschaltbare Kranz.

Dazu muss man sich klarmachen, dass das Schalten seit jeher eine Kunst war, wenn es darum ging, die Gänge schnell und lautlos zu wechseln. Vor allem ging es darum, durch das Zurücknehmen der Tretlast bei gleichzeitiger Beibehaltung der Tretgeschwindigkeit zusammen mit gekonntem Überschalten ein möglichst schnelles Einfädeln der Kette auf dem neuen Zahnkranz der Wahl zu realisieren. Unsere schlauen, innovativen, von keinerlei konservativen Ressentiments behinderten Japaner aber dachten weiter. Wie wäre es, einen Zahnkranz so zu konstruieren, dass beim Schaltvorgang die Kette nicht mehr den Kraftschluss verliert?

Die Antwort lautete: indem die Ritzel so zueinander gruppiert werden, dass die Kette beim Umsteigen vom tieferen Ritzel zum höheren immer im Eingriff bleibt. Ergänzend dazu wurden besondere Weichen in die Zahnräder hinein geformt, die der Kette genau einen solchen Übergang ermöglichten (was nebenbei bemerkt eine neue Konstruktion der Ketten erforderlich machte; dazu später mehr). Auf diese Weise wurde ein unter voller Last schaltbarer Antrieb geschaffen, zumindest, soweit es den hinteren Kranz und den Wechsel von einer schweren auf eine leichtere Übersetzung betraf.

Der Freilauf steckt im Schraubkranz, systembedingt eine Unterklassenlösung.

Ganz klar, dass diese Kreation die positionierende Schaltung beflügelte: Das Schalten mit relativ wenig Gefühl ermöglichte auch einem Anfänger perfekte Gangwechsel. Im Übrigen zog relativ bald Campagnolo mit seinem ExaDrive-System nach, ohne Patente zu verletzen. Was später SRAM angeblich tat: Im Jahre 2003 ging Shimano den Rechtsweg, um diese Konkurrenz in die Schranken zu weisen. Natürlich mussten auf diese Weise die Ritzel in einer definierten Stellung – genannt gleichphasig – zueinander stehen. Man konnte also nicht mehr wie ehedem einen Kranz in der gewünschten Abstufung zusammenstellen.

Überhaupt: Das Paket der Ritzel war zu klassischen Zeiten als sogenannter Schraubkranz ausgeführt, was bedeutete, dass die Ritzel – im Paket mit einem Freilauf zu einem Ganzen verblockt – auf einen mit einem Feingewinde versehenen Stumpf der Nabe aufgeschraubt wurden. Der Vorteil war, dass, wenn nur das Gewinde passte, jede Nabe mit jedem Kranz kombiniert werden konnte, also Campagnolo mit Shimano, Mavic mit Marchisio, Gipiemme mit Regina usw.

Der nächste Schritt war die sogenannte Kassettennabe. Bei dieser Konstruktion wurde der Freilauf mit der Nabe kombiniert, und die Ritzel konnten auf einem durchgehenden Profil auf die Kassette aufgesteckt werden, was die Logistik zum Aufbau einer passenden Übersetzung wesentlich vereinfachte.

Moderne Kassetten der verschiedenen Hersteller schalten auf hohem Niveau.

SRAMs innovative Denkweise: superleicht und haltbar, weil aus hochfestem Stahl.

Die Italiener kontern mit Titan-Stahl-Paket zum Gegenwert eines Einsteigerrades.

Diejenigen, die die gute alte Zeit der Schraubkränze noch kennen, wissen, welch ein Sammelsurium an verschiedensten Kränzen mit großem Loch, kleinem Loch, großem Gewinde und kleinem Gewinde und den dazu passenden Distanzringen nötig war, um einen Schraubkranz endlich in der gewünschten Abstufung kombinieren zu können. Vielleicht kam daher der Mythos von den dicken Gängen ...

Spaß beiseite: Bei der Kassette waren nur Ritzel einer Sorte plus einem Abschlussritzel mit Gewinde nötig, was den logistischen Aufwand auf vertret-

Auf dem Gewinde dreht sich der Schraubkranz mit Pedalkraft fest.

Kasettennaben mit unterschiedlichen Aussparungen von Shimano und Campagnolo.

bare Größenordnungen reduzierte. Der HG-Kranz konnte wohl auch deshalb durchgesetzt werden, weil ein achtfacher Kranz ohnehin eine so breite Palette an Übersetzungen bot, dass der engagierte Fahrer hoffen konnte, mit einem Kranz die wesentlichen Gangstufen im Rad zu haben. Trotzdem, gerade dieser Zwang zur Festabstufung wirkte eher beschleunigend auf die Entwicklung zu noch höheren Zahnkranzzahlen.

Natürlich gab es auch Überlegungen, den Schaltvorgang am Ritzelpaket auf einen härteren Gang lastschaltbar zu machen. Beim Mountainbike gab es eine derartige Entwicklung: IG – Interactive Glide – bot eine zweite Weichenbahn abwärts; man erkennt am Muster des Zahnkranzes leicht das zusätzliche Profil. Dazu kam eine neue Beanspruchung der Kette: IG-Ketten mussten ein spezielles Profil an den Laschen aufweisen, um durch die engen Schluchten der Kränze zu gleiten. IG ist inzwischen wieder eingemottet. Warum? Eine Antwort kennen wir nicht – aber es darf ja wohl laut gedacht werden: Wieder einer der Irrwege, die eine Entwicklungsabteilung beschritt?

Kränze mit Schalthilfen haben natürlich genauso wie früher ein Verschleißproblem. Soll man jetzt, weil alle Ritzel zueinander passend kombiniert sein müssen, immer, nur weil ein bis zwei Ritzel (auf denen man die meiste Zeit abrodelt) die Verschleißgrenze überschritten haben (die neu aufgelegte Kette beginnt rund um das ausgelutschte Ritzel aufzusteigen), den ganzen Kranz wechseln?

Das wird teuer. Campagnolo war da offen und bietet einzelne Ritzel bzw. in sogenannten Spydern geblockte Ritzel auch zum Einzelbezug an.

Auch beim Rennrad kommen in der Übersetzungsbandbreite weiter gestufte Kränze mit größeren, ans MTB erinnernden Abstufungen ins Spiel durch den Trend weg von der Dreifach- hin zur Zweifach-Kompaktkurbel.

Damit werden die Kränze naturgemäß schwerer. SRAM löst das auf seine Weise in Form einer extremen Blockung mit dem sogenannten »Powerdome«: Der ganze Ritzelblock ist ein quasi aus dem Vollmaterial gefrästes Gesamtkunstwerk. Gewichtsmäßig top, aber der Preis im Verschleißfall ist ein kleiner Wermutstropfen.

2.2.2.6. Kette (abgekürzt CN = Chain)

Die Kette ist ein geplagtes Bauteil. Keine Komponente wird solchem Stress ausgesetzt; beim Fahren steht sie fast permanent unter Spannung. Früher war das Leben der Kette einfach: grade dahin rollen, fertig. Aber diese Kettenschaltungen? Da soll die Kette plötzlich flexibel sein – der Seite nach! – und sich der Quälerei des Schaltens aussetzen.

Dass Antriebsketten verschleißen, ist kein Wunder; ganz abgesehen von der Pflege, die oft nur mangelhaft ist. Doch um die Kette besser verstehen, wollen wir sie etwas zergliedern und zeigen, was im Kettenantrieb eigentlich passiert.

Richtig bezeichnet heißt so eine Kette nämlich Rollenkette. Der Name kommt daher, dass die Kette mit ihren Rollen in die Zahnräder greift und innerhalb dieser Rollen die für die Umschlingung des Zahnkranzes notwendigen Gleitbewegungen ausführt.

Am besten, wir zerlegen so eine Kette einmal und betrachten ihre Bauteile Stück für Stück. Ein Kettenglied – das ist die Maßeinheit einer Rollenkette – besteht aus zwei Innenlaschen, zwei Außenlaschen, zwei Bolzen und zwei Rollen. Die Drehbewegung beim Umschlingen der Ritzel bzw. des Kettenblatts erfolgt zwischen den Rollen und den Innenlaschenkragen und zwischen Innenlaschen und Bolzen. Damit wird auch sogleich klar, wo so eine Kette geschmiert werden muss: natürlich an den Stellen, wo Reibung auftritt, also an den Kontaktstellen (s.o.).

Und genau hier findet auch der Verschleiß der Kette statt, denn so eine Kette dehnt sich ja nicht etwa. Es werden nicht die Laschen länger, sondern das Spiel zwischen Bolzen und Innenlaschen wird immer größer, auch verformen sich die Bolzen mitunter an den Kontaktflächen pilzförmig. Natürlich gibt es auch einen Verschleiß zwischen Rolleninnenseite und Innenlasche, aber jetzt kommt der Knackpunkt: Die Abstände zwischen den Rollen, bedingt durch den Rollenverschleiß, ändern nichts an der Kettenteilung. Aber der Verschleiß zwischen Bolzen und Innenlaschen sorgt dafür, dass der Abstand zwischen den Innenlaschen immer größer wird, während die Innenlasche sich ja nicht dehnt. Beim Lauf der Kette folgt auf ein Rollenpaar im Sollmaß dann ein Rollenpaar mit größerem Abstand. Und das schmerzt die Ritzel!

Das zerlegte Glied einer Rollenkette (Schaltungskette).

Übrigens: Weil die Rollen selbst nicht auf dem Zahnkranz reiben – denn die Drehung findet in der Kette, in den Rollen, statt –, brauchen die Ritzel auch keine Schmierung. Das Schmiermittel außen auf Kette und Ritzel dient allenfalls dem Korrosionsschutz, ansonsten verbindet es sich mit Staub und Schmutz zu einer ritzelverschleißfördernden Schleifpaste – weswegen Smoliks alter Tipp, die Kette innen ölig, außen aber trocken, z. B. mit Wachs zu präparieren, leicht zu begreifen ist.

Zum Material: Schaltungsketten sind aus härtbarem Stahl gefertigt. Wäre eine Schaltungskette aus nichtrostendem Stahl oder aus Titan nicht eine wunderbare Sache? Da gibt es einige

Wermutstropfen: Titan ist sehr teuer. Edelstahl aber wird nur von Wippermann angeboten. Und zumindest zur perfekten Funktion des Schaltvorganges bei 10-fachen Systemen sollte die Kette die exakt zum Ritzelblock passende sein. Zudem ist bezüglich der Zugfestigkeit Edelstahl nicht ganz auf dem Niveau von (vernickeltem) Einsatzstahl.

Mit zunehmende Ganganzahl wurden die Ketten immer schmäler – alsbald wurde die Befürchtung laut, dass die Ketten dadurch weniger haltbar sein, sprich leichter reißen könnten. Ein Fehlschluss, wie die Praxis mit 10er- und selbst mit 11er-Ketten zeigt. Die Scherfestigkeit der Bolzen bleibt gleich, die Durchbiegung dank schmalerer Dimensionierung geringer, und die Laschen sind allemal zugfest genug, um auch den einen oder anderen »Zielstrichorkan« locker wegzustecken. Allenfalls beim Verschleiß könnte es ein leichtes Minus geben, wegen der etwas geringeren Kontaktflächenbreite. Also immer auf optimale Schmierung achten – vergleiche Kapitel Wartung und Pflege! Allerdings ist professionelle Vernietung Pflicht – sonst sind Ausfälle in der heiklen Verschlusszone vorprogrammiert. Auch Shimano will mit dem elften Zahnrad folgen, in bewährter Manier mit der Dura-Ace-Gruppe.

Außer einer frappierenden Haltbarkeit zeichnet jene superschmalen Ketten eine weitere erfreuliche Eigenschaft aus: die seitliche Flexibilität. Das Verbot der ehedem verpönten »Diagonalgänge« kann getrost ad acta gelegt werden.

2.2.2.7. Bremse(n) (abgekürzt BR = Brake)

Die Bremsen sind – beim Rennrad zumindest – die Bauteile, die am wenigsten von der stürmischen Entwicklung profitiert haben. Man braucht sie zum Anhalten an der Ampel, um die gottgegebene Vorfahrt der Pedalritter nicht allzu sehr zu strapazieren, oder auch mal bei einer Abfahrt.

Als fahrdynamisches Hilfsmittel kommen sie allenfalls bei dramatischen Bergabritten zum Einsatz, wie sie vor allem die Alpenetappen der Tour und natürlich auch jede andere Passabfahrt mit sich bringen.

Die moderne Bremse am Rennrad unterscheidet sich gegenüber den 30 Jahre alten Vorgängern durch das moderne »Dual Pivot«- (auf deutsch Doppelgelenk-) Design. Bei Campagnolo verzichtet man seit kurzer Zeit an der hinteren Bremse sogar wieder auf diese Auslegung, um Gewicht zu sparen – zumindest bieten die Italiener dies als Option, um noch ein paar Gramm zu sparen! Das ist auch sinnvoll, denn mit zunehmender Bremsleistung verlagert sich das Gewicht zunehmend aufs Vorderrad.

Mehr Bremskraft als die, die das Rad auf den Kopf stellt, kann ohnehin nicht übertragen werden. Die hintere Bremse hat also mit zunehmender Verzögerung immer weniger zu tun. Die dynamische Radlastverschiebung sorgt zudem für einen höheren Anpressdruck und damit für mehr Haftung am Vorderrad, was letzten Endes auch klar macht, warum man in Kurven tunlichst mehr mit der vorderen als mit der hinteren Bremse bremsen sollte.

Computerberechnete und handgefertigte Carbonbremse aus Deutschland – wiegt so viel wie eine Tafel Schokolade.

Dual Pivot-Bremsen – Stand der Technik für solide Bremsleistung.

Geradeaus sorgt ein überbremstes Hinterrad nur für ein Schwänzeln und natürlich für erhöhten Reifenverschleiß. In der Kurve hingegen ist so leicht ein Sturz einzuleiten.

Tipp: Finger weg von der Hinterbremse. Warum aber die in der Regel nicht nur kräftigere, sondern auch gefühlvollere Hand die hintere und nicht die vordere Bremse betätigt, liegt wohl daran, dass die Bremsen unserer Vorväter so mies waren, dass die linke Hand sich um die Vorderbremse krampfte und die gefühlvolle dem Hinterrad ihr Möglichstes an Dosierung gab ... Heute wäre es sicher besser, vorne mit rechts zu verzögern – was ja auch viele Fahrer tun, die vom Motorrad kommen, denn dort bremst man mit der Rechten vorn.

Sicher, man hat den aktuellen Bremsen höhere Steifigkeit und längere Hebelarme verpasst. Man hat den Wirkungsgrad durch schwächere Rückstellfedern und teflonbeschichtete Bowdenzüge verbessert. Man hat die Bremsbeläge aus besserem Material gefertigt – mit höherem Reibwert und besserer Hitzestabilität. Und man kann die Bremsbacken per Pfannengelenk parallel zur Bremsflanke der Felgen ausrichten, was die Wirksamkeit nochmals verbessert. Aber sie ist immer noch die gute – oder schlechte – alte Felgenbremse aus Großvaters Zeiten. Und man greift teilweise auf Mutter Natur zurück: Für Carbonfelgen galt eine Zeit lang Kork als das Optimum.

Bremsen am Rennrad – da gäbe es noch einiges zu tun. Na ja, ganz so schlimm ist es nicht, man bremst heute besser als vor 20 Jahren. Aber so wie beim Mountainbike das Rad mit ein bis zwei Fingern bei Tempo 50 auf den Kopf stellen – davon sind wir noch meilenweit entfernt.

Die Kompatibilität der Bremsen ist eigentlich kein Problem – wären da nicht die Vorrichtungen zur Entspannung der Bremse. Vor allem seit auch im Hobbybereich die »dicken« 23er oder gar 25er Reifen wieder en vogue sind (im professionellen Bereich hat man ohnehin nur fürs Einzelzeitfahren aus aerodynamischen Gründen auf den dünnen 20er gesetzt), ist zum schnellen Radaus- und vor allem -einbau eine Vorrichtung nötigt, mit der die Bremse schnell geöffnet werden kann. Leider Gottes bauen Shimano und SRAM ihre Entspanner an die Bremse, Campagnolo aber nicht. Denn Campagnolo entspannt den Bremshebel mit einem kleinen Bolzen am Ergopower – damit sind die Bremsen der Italiener für japanisch und »amerikanisch« schaltende Renner tabu – schade. Anders als beim Mountainbike wurden die Bremsen nicht zur freudig begrüßten Beute einer wild wuchernden Zubehörindustrie, von einigen Exoten zwecks extremen Leichtbaus einmal abgesehen.

2.2.2.8. Pedale

Die Pedale sind die Dinger, wo man drauf tritt. Irgendwo müssen die Füße ja hin ... Scherz beiseite: Nicht umsonst nennt man den Radler auch »Pedalritter«. Wir haben das Problem der Umsetzung einer eher geradlinigen Kraftentwicklung in eine kreisförmige bereits angerissen. Denn wenn man nur aufs Pedal tritt, bleiben pro Bein nur etwa 120 Grad, d. h. ein Drittel des Pedalierzyklus pro Bein übrig. Da es bei der Effektivität des Pedalierens um den Fortschritt im Kleinen geht, fiel natürlich eins schnell ins Auge: das Pedal. Denn wenn man den Fuß am Pedal fixieren könnte, gäbe es einen großen Zugewinn an Kraftentwicklung. Dann

kann man endlich kurbeln – nicht nur treten!
Wobei hier angemerkt sei, dass eine hundertprozentige Effizienz gar nicht möglich ist – die Anatomie des menschlichen Beines lässt bei allem Trainingsfleiß eine solche Bewegung nicht zu. Aber mit der Überwindung der Totpunkte – also in der oberen und der unteren Phase des Tretzyklus durch Schub nach vorne und Zug nach hinten bzw. der fließenden Integration dieser zusätzlichen Anstrengung in den Tretzyklus – ist schon viel gewonnen. Bis hierher ist alles unstrittig.

Die ganz Eifrigen wollen sicher anmerken, dass man doch mit Zug nach oben auch Kraft in das Pedal einleiten kann – kann man schon, aber nicht wirklich dauerhaft. Aber was man wirklich und auf jeden Fall kann: durch das aktive Anheben bzw. Nach-oben-Ziehen des hinteren Beines das vordere Bein entlasten! Damit ist wiederum viel gewonnen.

Doch wie wurde das technisch gelöst? Indem man, kurz gesagt, den Fuß am Pedal festschnallte. Ein Haken aus Kunststoff oder Metall, an der Vorderseite des Pedals angebracht, um die Position des Fußes über der Pedalachse korrekt zu fixieren, und ein kräftiger Riemen aus Leder oder Kunststoffgewebe übernahmen diese Aufgabe zusammen mit einem Schuh, der mit einer an seiner Sohle angebrachten Vorrichtung ein Herausrutschen aus dem Pedal nach hinten verhinderte. Damit also war man festgeschnallt. Fest!

Jahrzehntelang Standard: Hakenpedal.

Natürlich waren es wieder einmal Franzosen, die das alles nicht akzeptieren wollten und eine Möglichkeit witterten, mit einer Innovation Geld zu verdienen, wie sie das schon im Bereich des Wintersports vorgeführt hatten. Denn beim Ski hatte das Festschnallen schon längst ausgedient: Einklicken war das Zauberwort!

Und bis heute spricht man vom Klick-Pedal, zumindest in unserem Sprachraum. An der Sohle des Schuhs schraubte man einen Adapter aus

Top-Pedale von Look und Shimano – Carbon, Titan und Stahl sind auch hier Usus.

Weniger oder mehr? Während das filigrane Speedplay durchaus gern von Profis gefahren wird, ist das Shimano A600 aus dem MTB abgeleitet und kann mit »gehbaren« Schuhen gefahren werden, die passende Platte liegt versenkt im Schuh.

Kunststoff, der sinnvoll in einen ins Pedal integrierten Mechanismus einklickt und der durch Drehen des Fußes ohne Zutun der Hände gelöst werden konnte.

Und als Bernard Hinault mit dem neuen Pedal bei der Tour einen grandiosen Sieg einfuhr, begann die konservative Radwelt zu schlucken – und sich anzupassen. Seitdem heißt das Zauberwort »Look«. So genial war diese Erfindung, dass sie nahezu 20 Jahre, von kleinen Modifikationen abgesehen, kompatibel blieb! Der konservative Widerstand stieß sich daran, dass die Schuhe den Zug nicht aushielten – aber neue, auf Zug nach oben stabilere Schuhe waren schnell entwickelt – und dass der Fuß fest im Pedal säße und dieses System die Gelenke besonders belaste, nicht eingedenk der Tatsache, dass dies bei den klassischen Hakenpedalen ja auch nicht anders war. Was die Entwickler reizte und den »floating mode« hervorbrachte, der die Fixierung der Höhe und der Länge nach mit einer seitlichen Beweglichkeit in ein System integrierte: das Time-System (nebenbei bemerkt: aus Frankreich ...) wurde geboren. Und bis heute hat sich daran nichts geändert. Viele Firmen haben versucht, eigene Entwicklungen in diesem neuen Markt zu implementieren, darunter so bedeutende Namen wie Adidas, Merckx, Diadora und Campagnolo.

Überlebt haben letztlich die, welche sich die Prinzipien »Look« und »Time« modifiziert zu Eigen machten. Und die, die à la Look zunächst in Lizenz fertigten, wie Campagnolo und Shimano. Nach dem Hakenpedal fragt mittlerweile (fast) niemand mehr.

Technisch differenzieren kann man die Pedale vor allem durch die verwendeten Materialien und das damit verbundenen Gewicht sowie über die Qualität der Achslagerung. Auch hier wird fleißig probiert: Titanachsen, Pedalkörper aus Verbundwerkstoff statt aus Aluminium. Shimanos Versuch, eine der zentralen Ideen des SPD-Systems – eine (kleine) Metallplatte statt der verschleißfreudigen Pedalplatte aus Kunststoff – auf die Straßenszene zu übertragen, scheiterte letztlich an der mangelnden Sohlenstabilität der Schuhe: Die Kraftübertragung auf der kleinen Kontaktfläche war den Straßen-Profis zu strapaziös.

Wir wollen hier aber trotzdem eine Lanze für das SPD-System brechen, und zwar das gute, alte, doppelseitige MTB-Pedalsystem mit in der Sohle versenkten Pedalplatten (»cleats«): für all diejenigen, die beides (Rennrad und MTB) mit dem gleichen Paar Schuhe bewegen wollen. Oder für Radler, die mit ihrem Schuhwerk – bei Pausen oder Toilettenbesuchen beispielsweise – auch vernünftig gehen können wollen. Denn – um mit einem verletzten Kollegen zu argumentieren – das einzig Gefährliche am Sicherheitspedal ist die Fortbewegung mit Rennradschuhen ohne Rennrad!

Doch da man ja gerne alles nachmacht, was die Granden der Tour für gut befinden, verschwand SPD im Wesentlichen aus der Straßenszene. Auch der zweite Versuch mit einer (dieses Mal) großflächigen Metallplatte, genannt SPD-R, setzte sich in der Rennerszene nicht wirklich durch.

Inzwischen hat man das System Look »optimiert« – und den entsprechenden Markterfolg eingefahren. Das System hieß denn auch SPD-SL – wobei böse Zungen berichten, dieses Kürzel bedeute gar nicht superleicht, sondern System Look ... Sei's drum, diesmal entschieden sich die Franzosen mit dem KEO fürs Kopieren.

Wer allerdings gerne mit SPD-Pedalen aus der Mountainbike-Kollektion zwecks des besseren Gehgefühls fahren will, soll das ruhig tun – die Spinning-Szene hat SPD ohnehin schon erobert. Und manche wollen auch nicht für zwei Räder zwei Paar Schuhe kaufen.
Campagnolos erster Versuch mit Clipless-Pedalen war von – soll man sagen monströser? – Eleganz und viel zu viel Gewicht geprägt. Allerdings hatte er ein besonderes Feature: Durch einen speziellen, durch den einzuklickenden Fuß erst zu lösenden Mechanismus wurde das Pedal relativ fest in einer fürs Einklicken günstigen Position gehalten. Selten ging ein gut gemeinter Schuss derart nach hinten los – denn das Pedal stand ja nur in einer bestimmten Kurbelstellung an der richtigen Stelle! Heute hat man mit dem ProFit-System ein akzeptables System gefunden. Leichtbaufreaks neigen hingegen zum Speedplay-Modell. Die Pedale – ein Tummelplatz der Vielfalt!

2.2.2.9. Die Gruppe

Die »Gruppe«, vorhin bereits kurz angesprochen, ist nun die begriffliche Zusammenfassung für die Komponenten des Antriebes. Früher war der Begriff weiter gefasst. So enthielt die Gruppe u. U. auch Sattelstütze, Steuersatz, Pedale, Vorbau. Im Zeitalter der Systemlaufräder gelten mittlerweile nicht einmal mehr die Naben als Gruppenbestandteile.

Heute gilt die »Gruppe 8-teilig«, wie wir sie oben dargestellt haben. Bei den Herstellern gibt es eine sogenannte Gruppenhierarchie. Es gibt also all diese Komponenten in verschiedenen Qualitätsstufen. Die Bezeichnungen dafür haben Tradition und gelten für viele als Synonym für die Qualität des verwendeten Rades.

So gliedert Campagnolo, der Traditionshersteller aus Italien für Rennradkomponenten, von oben nach unten in Super Record(-EPS), Record(-EPS), Chorus, Athena, Centaur und Veloce (die Bezeichnungen Mirage und Xenon sind rausgefallen).

Auf dem Markt für sportlich Interessierte spielen aber vor allem die vier erstgenannten Ebenen eine Rolle, die Komponenten von Centaur und Veloce werden vor allem in preiswerteren Kompletträdern verbaut.

Dreifachkomponenten werden als separate Zusatzkomponente zehnfach angeboten, da man in den klassischen Zweifach-Gruppen den Wunsch nach leichterer Übersetzung mit der Compact-Technik erfüllt. Darüber hinaus gibt es spezielle Ergänzungen für Zeitfahren, Triathlon und Bahnsport.

Auch wenn sich die Namen immer wieder neu sortieren lassen, bestimmte Begriffe wie Record und Chorus ziehen sich wie rote Fäden durch die Historie von Campagnolo.

Bei Shimano heißt das Ganze, ebenfalls von oben nach unten: Dura-Ace Di2 und Standard, Ultegra Di2 und Standard (früher Shimano 600), 105, Tiagra, Sora.

Die Komponenten der Campa Chorus-Gruppe bieten beinahe alle Features der Topmodelle, allerdings zu einem deutlich angenehmeren Preis.

Die Shimano Ultegra Di2 schaltet auf allerhöchstem Niveau und ist schon in Rädern für unter 2000 Euro zu haben.

Mit den beiden letztgenannten ist es wie bei Campagnolos Centaur und Veloce. Den Fan interessiert dieses Material weniger. Shimano belässt das meiste in den Gruppen, auch 3-fach und Compact, bietet hier aber weniger Differenzierung. Carbon gibts hier – im Gegensatz zu Campa – fast gar nicht, außer im Laufradbereich.

SRAM nennt seine Gruppen Red, Force, Rival und Apex. Im Design sucht man einen Mittelweg zwischen den beiden tradierten Herstellern. Was auch immer ein neuer Komponentenhersteller tun will, er kann das Rad nicht neu erfinden – die Lösungen der Vergangenheit haben viele Wege beschritten und alle mögliche Irrtümer erlebt ... warum sollte man nach solch großen Vorbildern noch grobe Schnitzer machen?

Endlos sind die Diskussionen am abendlichen Radlerstammtisch, was denn nun »besser« sei, Campagnolo oder Shimano oder SRAM? Dass verschiedene Wege und Irrwege bei dem Versuch zur Lösung der anstehenden Aufgaben beschritten wurden, sollte jetzt klar sein. Dass mal der eine, dann der andere die Nase vorne hatte und hat, ist auch klar. In den Fachzeitschriften taucht auch diese Frage immer wieder auf – eine definitive Antwort darauf gibt es jedoch nicht. Der eine macht das eine, der andere das andere besser.

Campa macht in Carbon, Shimano in Elektronik. SRAM sollten wir nicht vergessen: ein neuer Hersteller im Rennradkomponentenmarkt, der nicht auf eine jahrzehntelange Tradiotion zurückblicken kann und doch den Anschluss in vielerlei Hinsicht geschafft hat, auch im Rennradbereich!

Was heißt denn besser? Gewinnt man ein Radrennen nur deshalb, weil man genau die Komponenten benutzt, die man eben benutzt hat? Das ist natürlich Unsinn! Besser kann heißen: leichter, langlebiger, besser instandsetzbar, ästhetischer, fortschrittlicher, ideenreicher. Und gefälliger – glücklicherweise lässt sich über nichts trefflicher streiten als über Geschmack! Der eine gewinnt mit der einen Marke, der andere mit der anderen seine Rennen.
Der Wettbewerb zwischen den Herstellern wird in der harten Realität des Radsports ausgetragen – wer dort nicht mitmischen und bestehen kann, braucht auch nicht im Rennen um die Gunst des Käufers anzutreten. Schlussendlich bleibt das Ganze eine Geschmacks- und Glaubensfrage – wohl die einzige ehrliche Antwort, die man geben kann.

Natürlich sagen die ganz Schlauen: Wenn man jetzt die besseren Ideen von Campagnolo mit den besseren Ideen und damit Produkten von Shimano kombiniert, dann ...! Ja dann – passt nichts mehr zusammen. Einzig die Laufräder von Campagnolo gibt es passend für Shimano, und es baut sowieso jeder, der hochwertige Laufräder bauen kann, seine Produkte kompatibel zu den Spezifikationen der beiden »Großen« – eine dritte Norm hätte ohnehin keine Chance. Aus aller anderen Tauscherei ergibt sich bestenfalls eine Verschlimmbesserung.

Worin unterscheiden sich nun diese Gruppen innerhalb der Markenhierarchie qualitativ? Kurz gesagt: in Technologie, Material und Verarbeitung. Dies wiederum wirkt sich aus auf Preis, Lebensdauer und auch in gewisser Weise auf die Funktionalität.

Wie führt man eine neue Idee im Markt ein? In der Regel von oben nach unten. Das bedeutet, der Hersteller entwickelt eine neue Idee, setzt sie im Radsport ein (dem beinahe härtesten Funktionstest, der nur übertroffen wird durch den ahnungslosen Gebrauch »gschlamperter« Zeitgenossen) und bietet sie sodann in Form einer Edel-Gruppe für viel Geld den Enthusiasten feil, denn nur die sind bereit, dafür, dass sie zu den ersten gehören, die diese »neue« Technik spazieren fahren dürfen, viel Geld auszugeben. Oft sind es neue Techniken, die einen echten Funktionsgewinn bringen, und die werden dann mit ein paar edlen Zutaten wie Titanschräubchen oder Kohlefaser-Accessoires garniert.

Im nächsten Schritt erfolgt das Downsizing – man macht die Komponenten preiswerter, tauglich für die Massenproduktion, lässt die Juwelen bzw. Gimmicks aus Titan und Carbon weg und führt die Technik in der Breite in den Markt ein. Für den Normalradler ist das in der Regel immer noch wesentlich besser als nur gut genug.

2.2.3. Ergonomie

Kommen wir zu den restlichen Komponenten, damit unser Rad endlich ein Ganzes wird. Diese sind: Vorbau, Lenker, Griffe, Sattelstütze, Sattel. Dies sind die Teile, die den Fahrer mit seinem Rad zu einer Einheit werden lassen (man könnte auch die Pedale hierzu rechnen, wir sehen diese mehr als ein Teil der Kraftübertragung), und zwar nicht nur im Sinne der Funktion, sondern auch der größen- und positionsmäßigen Integration in das Mensch-Maschine-System.

2.2.3.1. Vorbau

Der Vorbau verbindet den Gabelschaft kraftschlüssig mit dem Lenker. Obwohl hier jede Menge qualitativer Unterschiede auszumachen sind, wirken sich diese so gut wie nicht auf die Wahrnehmung des Fahrens aus.
Der Gewinn hochwertiger Vorbauten liegt, abgesehen vom Wert als optisch und qualitativ edles Teil, im korrekten Umgang mit den Komponenten, die er verbindet. Gute Passung, geringe Flächenkräfte, gerundete Kanten: Gerade im Zeitalter der Carbon-Gabelschäfte ist es wichtig, dass der Vorbau mit seiner Schaftklemmung »sorgfältig« arbeitet.

Wir leben glücklicherweise im Zeitalter des AHeadsets. Im Gabelschaft per Innenklemmung mehr schlecht als recht festgewürgte Vorbauten gehören zum Glück der Vergangenheit an, zumindest auf dem Gebiet der Sportgeräte.

Würde das Fahrrad neu erfunden und käme ein Maschinenbaustudent auf die Idee, solch eine Innenklemmkonstruktion seinem Professor als Lösung seiner Konstruktionsaufgabe unter die Nase zu halten, flöge er hochkant aus dem Büro. Hochwertige Vorbauten werden geschmiedet, u. U. noch spanend überarbeitet, haben eine doppelte, wo möglich gegenläufige und schräg angesetzte Klemmung am Gabelschaft und eine Vierfach-Befesti-

Wohl einer der besten, wenn es um geringes Gewicht und Top-Preis-Leistung geht: Ritcheys Kultvorbau WCS.

Bemaßung des Vorbaus

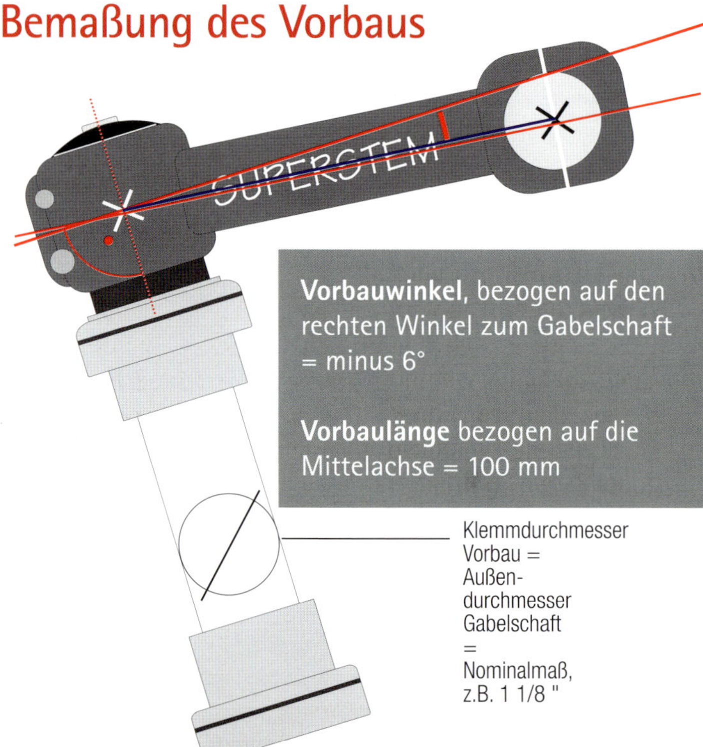

Vorbauwinkel, bezogen auf den rechten Winkel zum Gabelschaft = minus 6°

Vorbaulänge bezogen auf die Mittelachse = 100 mm

Das verdeutlicht, welche Möglichkeiten der Vorbau bietet.

gung der Lenkerschelle. Prototyp hierfür war Tom Ritcheys WCS.

Darüber hinaus ist der Vorbau ein wesentliches Accessoire zur Anpassung des Rades an den Fahrer bzw. zur Optimierung der Sitzposition. Insofern unterscheiden sich diese Vorbauten, abgesehen von den für die Funktion erforderlichen Maßen (Klemmdurchmesser vorne und hinten), in Länge und Winkel. Die leichtesten Vorbauten sind übrigens nicht aus Kohlefaser, sondern aus Aluminium! Die andere Seite des Vorbaus hält den Lenker. Da auch Lenker immer leichter und damit dünnwandiger werden, ist auch hier eine gute Klemmung lebensrettend. Sehr selten brechen Vorbauten, aber brechende Lenker kommen in der Praxis vor, meist mit wirklich üblen Folgen wie Gesichtsverletzungen gröberer Art.

Am brechenden Lenker aber ist nicht nur der Lenker, sondern oft auch der Vorbau schuld – und derjenige, der die Komponenten fehlerhaft montiert hat. Wissen um Material und Kräfte gepaart mit viel Gefühl ist eben auch hier eine gute Lebensversicherung.

2.2.3.2.
Lenker und Griffe

Der Rennradlenker hat seine Form grundsätzlich über lange Zeit nahezu unverändert beibehalten. Sinn der seitlich tief nach unten und hinten orientierten Lenkerbögen war nicht nur eine ergonomisch und aerodynamisch günstige Griffposition, sondern auch die Sicherheit: Selbst bei verschieden hohen Fahrrädern ist auf diese Weise im engen Peloton ein meist sturzverursachendes Verhaken der Lenker eher unwahrscheinlich. Einzig die Radien und die Form des Unterlenkers variierten: Während früher alles rund gebogen war, dominieren seit etlichen Jahren die Ergo-Unterlenker. Heute fahren selbst Profis mit oben abgeflachten Lenker und gerne auch mal mit sogenannten Compact-Lenkern – deren Bogen ist nicht so weit nach unten gezogen. Dieser etwas kleinere »Drop« kommt aber vor allem Nicht-Profis zugute, weil man eine etwas aufrechtere, bequemere Sitzhaltung auch am Unterlenkergriff einnehmen kann.

Einen neuen Standard, ausgelöst vom Mountainbike, stellen die sogenannten Oversized-Lenker mit einer dickeren Klemmung schon lange dar. Am Rennrad sticht auch hier das Zauberwort vereinfachte Logistik – denn nun kann man mit dem gleichen Vorbau sowohl Mountainbike als auch Rennrad bestücken. Der große Vorteil: Gab es früher je nach Hersteller verschiedenste Lenkermaße, so ist dies nur einheitlich 31,8 mm und es lassen sich nahezu alle Vorbauten und Lenker unterschiedlichster Hersteller kombinieren. Hierzu sei aber angemerkt, je leichter/teurer die Teile werden, desto sorgfältiger muss geschraubt werden!

Das frühere Maßkuddelmuddel wird langfristig sicher verschwinden (vgl. Abschnitt 2.2.6.). Vorbauklemmungen gab es beim Rennrad in den Maßen 25,4 mm, 25,8 mm, 26,0 mm, 26,4 mm – und entsprechend viele Vorbauten dazu. Im AHead-Zeitalter akzeptieren die Rennradler in zunehmendem Maße auch leicht ansteigende Vorbauten. Einer Standardisierung steht also nicht viel im Wege.

Das Thema Griffe ist beim Rennrad etwas komplexer. Schließlich bietet der Rennlenker zusammen mit den Schalt-/Bremsgriffen drei typische Griffpositionen. Geradezu klassisch zu nennen ist die »Unterlenkerposition« in den Lenkerbögen, die tiefste und zugleich aerodynamisch effektivste Haltung. Sie wird vor allem im Wettkampf bei besonders hohem Tempo oder beim Sprint genutzt. Zudem bildet sie die handergonomisch optimale Position zur Betätigung der Bremsen (was allerdings bei längeren Abfahrten vom Rest des Radlers als extrem unbequem empfunden wird – ein systembedingtes Problem, das sich wirklich zufriedenstellend nur mit einer wesentlich verbesserten Bremseffizienz lösen ließe).

Lenker mit normalem und Compactbogen.

Zwei Compactlenker von oben – einmal klassisch rund, der andere »Ergo«-flach

Der neue Aerolenker C-3 von Syntace »zwingt« den Rücken in eine entspanntere und aerodynamisch günstigere Haltung

Die zweite, zumeist genutzte Position ist die »auf den Bremsgriffen«. Sie bietet – etwas höher positioniert – den besseren Überblick und eine bequemere Sitzhaltung.

Die dritte ist die am quer liegenden Oberlenker. Hier experimentieren die Lenkerhersteller mit querovalen Querschnitten zwecks besserer Abstützung und auch einem Hauch von optimierter Aerodynamik. Hinzu kommt mitunter eine leichte Kröpfung nach hinten, um die Handstellung zu optimieren. Man muss es einfach einmal probieren – dem einen liegt es, dem anderen nicht. Die Griffoberfläche: In der Regel wird ein Band um den Lenker gewickelt. Wer es gerne etwas dicker hat, kann auch zwei Lenkerbänder übereinander wickeln, die verbesserte Dämpfung gegen Stöße von der Straße sorgt vor allem bei Teilnehmern der »Hölle des Nordens«, dem berühmt-berüchtigten Radklassiker »Paris–Roubaix«, für eine gewisse Beliebtheit dieser Methode.

Zusatzlenker, Lenkeraufbauten

Am Rennrad sind dies vor allem die aus dem Triathlonsport bekannten »Liegelenker«, die es dem Fahrer ermöglichen, eine aerodynamisch optimierte Haltung einzunehmen, ohne die Oberarme zu belasten.

Bekannt wurden diese Lenker, die auf ein Patent der Firma Scott zurückgehen, durch Greg LeMonds berühmten, hauchdünnen Sieg über Laurent Fignon, entscheidend herausgefahren beim damals die Tour abschließenden Einzelzeitfahren.

Ein Versuch, diese Lenker in einer »Light«-Version ohne Armauflagen für gelegentliches Fahren mit auf dem Oberlenker abgestützten Unterarmen durchzusetzen, machte ein paar Jahre darauf Furore: Cinellis »Spinaci« war an fast jedem hochwertigen Rennrad zu finden (Sie wissen ja: was für die Profis gut ist ...).

Elektronische (Zusatz-)Schalthebel sind an Funktionalität am Aerolenker nicht zu überbieten.

Allerdings machte die internationale Sportbehörde aus nicht näher nachvollziehbaren Gründen dem Ganzen ein Ende. Als der Zusatzlenker aus dem Profisport verbannt wurde, verschwand er auch schnell wieder aus dem Markt. Dank der stark boomenden Triathlonszene gibt es schon eine ganze Menge unterschiedlichster Komplett-Aerolenker und Aufsätze am Markt. Die Ansätze sind teils sehr verschieden und es bleibt dem Interessierten nur, sich mit dem Thema wirklich auseinanderzusetzen und seine eigene Lösung zu finden. Vor allem als Einsteiger sollte man aber zumindest Wert auf große Breitbandigkeit in der Verstellung, Stabilität/Klemmfähigkeit und Funktionalität von Brems- und Schalthebeln legen. Bei letzteren ist man natürlich mit einer elektronischen Schaltvariante fein raus!

Campagnolos Zeitfahrhebel stellen sich nach dem Schalten wieder in eine vorher gewählte Stellung zurück – das vermeidet Verrenkungen beim Schalten.

2.2.3.3. Sattelstütze

Die Sattelstütze stützt ja nicht nur den Sattel, sondern auch das Gewicht des Fahrers. Sie besteht aus einem im Sattelrohr in der Höhe fixierten Rohr und einer Klemmvorrichtung für den Sattel. Grundsätzliche Merkmale sind Länge, Durchmesser (siehe dazu auch Kapitel »Maße«) und Kröpfung. Letztere bezeichnet den Versatz des Sattels nach hinten (üblich beim Rennrad) oder vorne (zur Erzielung der sogenannten »American Position«, vor allem beim Triathlon angewendet).

Auch hier hat sich das Erscheinungsbild erheblich geändert. Die Leichtbauwelle und die konstruktiven Ideen aus der Bikerszene haben neue und stabilere Formen der Klemmung des Sattels hervorgebracht.

Die Bauweise mit einer Verzahnung zwischen Klemmung und Schaft hatte Nachteile – die Einstellung des Sattels konnte nur in diskreten Schritten erfolgen. Die stufenlos einstellbaren Klemmungen neigten jedoch mitunter zum »Durchrutschen«. Syncros hatte die Idee, den Sattel mittels zweier Zuganker stufenlos perfekt zu justieren. Diese Idee wurde von vielen Her-

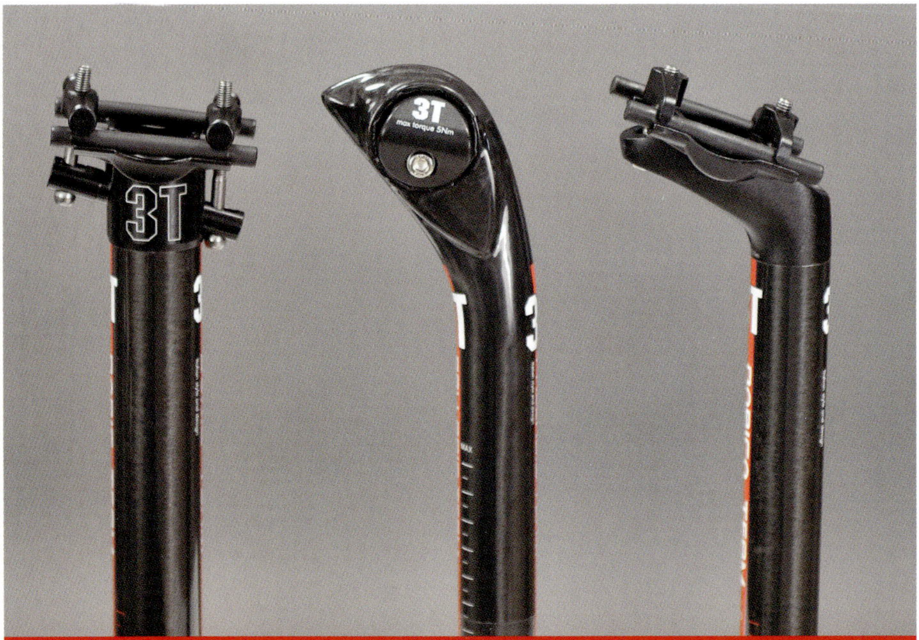

Sattelstützen mit und ohne Versatz – je nach Modell macht das bis 25 mm Unterschied in der (Sitz-)Länge aus und kann für eine optimale Sitzposition entscheidend sein.

Die P6 Carbon Hiflex-Sattelstütze von Syntace: starke und schonende Klemmung plus Komfort – State of the Art.

stellern aufgegriffen: Tune, Thomson, Shannon und viele andere mehr haben das Prinzip übernommen. Tune bietet auch hier extremen Leichtbau – allerdings mit einer konstruktiven Schwäche: Die Last auf dem Sattel wirkt in Klemmrichtung und macht diese so in der Tendenz instabil.

Wie aber kann man die Klemmung verbessern, wenn die Stütze gekröpft sein soll? Auch da gab es neue Ideen: Von Ritchey beispielsweise mittels zweier Klemmschrauben statt einer oder mit dem raffinierten Klemmkopf von Race-Face oder der neuen Kreation von Selle Italia. Besonders raffiniert hat Syntace mit seiner P6-Stütze die Themen Feinjustierung, Klemmungsbaubreite, Einstellbereich, Kröpfung und sicheren Halt unter einen Hut gebracht. Und mit der P6 Carbon Hiflex-Stütze wurde auch das Thema Sattelfederung auf unkonventionelle Weise angegangen – einer feiner, aber spürbarer Unterschied. Extremstes Beispiel sind auf dem Schaft direkt verklebte Sättel. Dabei ist es wichtig, den exakten, gewünschten Winkel des Sattels, bezogen auf die Stütze, umzusetzen.

2.2.3.4. Sattel

Eines der besonders komplexen Bauteile am Rad ist der Sattel. Auf ihm lastet das Gewicht des Fahrers. Ähnlich wie ein Schuh ist es hier wichtig, dass der Sattel gut »passt«.

Zunächst aber zur Konstruktion: Ein Sattel besteht aus Gestell und Oberteil. Das Oberteil bildet die Sitzfläche, wobei die klassische Konstruktion des Kernledersattels – besonders bekannt unter den Markennamen Brooks und Lepper – nach wie vor richtungsweisend ist.

Das Gestell, auch Sattelstreben genannt, wurde zunächst aus Stahl hergestellt. Seit einiger Zeit hat auch die Suche nach weniger Gewicht und mehr Elastizität und damit Federungskomfort zu Konstruktionen aus Stahlrohr, Titan oder Titanrohr, Aluminiumlegierungen oder gar Kohlefaser, u. U. verstärkt mit einer Titanhülse, geführt. All diese Konstruktionen gleichen einander in der Adaption (kleine Ab-

Der Brooks Kernledersattel benötigt eine Einfahrphase!

weichungen, vergleiche auch Kapitel »Maße«, »Sattelstützen«). Allerdings gibt es hier einen Versuch einer neuen, zweiten Norm, die immerhin von so einem bedeutenden Hersteller wie Selle Italia implementiert wird: der sogenannte Monolink. Der Sattel wird nicht etwa mit einer zentralen, sondern mit zwei vertikal gestaffelten Schienen an der Stütze adaptiert.

Vorteil dieser Konstruktion: Bei weit hinten positionierten Sätteln kann es nicht mehr zum Kontakt von Oberschenkel und vorderer Sattelstützenklemmung kommen. Wir dürfen gespannt sein, inwieweit sich diese Neuerung behaupten wird.

Der Aufbau der Sitzfläche wird in der Regel aus einer Kunststoff- oder Verbundschale gefertigt, versehen mit einer Polsterung aus Schaumstoff oder einer gelartigen Masse und einem Überzug aus Kunststoff oder echtem Leder.

Das Problem bisher war, dass Sättel mit dem Auge gekauft werden. Ein schnittiges Design, passend zum dynamischen Auftritt des Rades, war für die Kaufentscheidung maßgeblich. Da solche Sättel »intuitiv« nach diesem Muster und den instinktiven Vorstellungen von Eleganz konstruiert wurden, machten viele Radler die Erfahrung, dass der Kontakt mit dem Sattel eine eher schmerzhafte Angelegenheit sein kann. Die Suche nach einem weniger problematischen Bauteil führte nur durch das langwierige und zudem kostspielige Verfahren »Versuch und Irrtum« zu einem besseren Ergebnis. Zunächst war man auf der Suche nach verbesserter Polsterung, wobei die Eigenschaft des guten alten Kernledersattels, sich nach und nach unter dem Einfluss von Druck (Fahrergewicht), Hitze (Körpertemperatur), Feuchtigkeit (Schweiß) und Walkarbeit (Bewegung durchs Fahren) wie ein guter Schuh der Anatomie der Sitzregion anzupassen, nie erreicht werden konnte. Auch sich kurzfristig, wenn auch reversibel anpassende Gele konnten keine wirkliche Abhilfe schaffen. Auch die Polsterhärte ist nicht das entscheidende Merkmal. Sättel mit festerer Polsterung sind bei längeren Fahrzeiten oft die bessere Alternative.

Hinzu kamen Studien, die belegten, dass unpassende Sättel durch Hemmung der Durchblutung oder Druck auf Nervenbahnen zu vorübergehender oder gar dauerhafter Taubheit der Sitzregion inklusive Impotenz füh-

Mit einer neuen Sattelaufhängung will Selle Italia Komfort generieren und die Sattelbreite nicht durch das Gestell limitieren – Monolink kommt?

Der 125 Gramm leichte Selle Italia SLR ist weit bequemer, als er aussieht und inzwischen ein Klassiker.

Sportlich und langstreckentauglich – an Bontrager-Sätteln gibt es nicht nur viele Modelle , sondern diese auch in verschiedenen Breiten.

ren können. Die erste Antwort waren Sättel mit Öffnungen oder Vertiefungen, welche die besonders belasteten »weichen« Teile der Sitzregion entlasten helfen sollten. Dieser erste Schritt schuf für manche geplagte Sitzfläche Abhilfe, für manche bewirkte er das Gegenteil.

Neuer Ansatz bei SQ-Lab: Nach dem Abstand der Sitzknochen den Sattel wählen.

Erst in letzter Zeit wurde die Sache mit dem Sattel einer genaueren Betrachtung unterzogen. Ähnlich der Schuhgröße definierte man die sogenannte Sitzbreite und damit eine Art Größensystem zum Auffinden des richtigen Sattels. Unter der Bezeichnung SQLab (eine Verballhornung von Äskulap, dem antiken Gott der Heilkunde) werden die Werkzeuge der quasi zur Wissenschaft erhobenen Sitzforschung vertrieben.
Der Schlüssel zum Glück liegt sicher in der Kombination von passender Breite, ans Fahrergewicht angepasster Polsterung und je nach Anatomie entlastender Formgebung. Vor diesem Hintergrund ist es kein Wunder, dass Sättel zu den am häufigsten gewechselten Bauteilen gehören. Wir dürfen gespannt sein, wie diese Entwicklung weiter verläuft.

2.2.4. Elektronik

Die Elektronik hat in den letzten Jahren alle Bereiche des Lebens in zuvor ungeahnter Weise durchdrungen. Ob Produktion, telefonieren, mailen, im Web surfen, Bankgeschäfte abwickeln, Unterhaltung, Einkauf oder Orientierung – all das ist ohne Computer inzwischen nicht mehr vorstellbar.

Warum sollte das beim Fahrrad anders sein? Begonnen hat alles mit dem Tachometer. Wer kennt noch den Slogan »Einen Wunsch hat jeder – zum Rad ein Tachometer« von VDO? Dieses Teil wurde durch ein elektronisches Instrument, den sogenannten Fahrradcomputer, obsolet. Mechanisch angetriebene Tachometer gehören der Vergangenheit an.

Der gegenwärtige Funktionsumfang der Radcomputer umfasst die Ermittlung und Speicherung von Fahrdaten wie Geschwindigkeit, Strecke, Durchschnittstempo, Fahrzeit, Rundenzeiten, Gangwahl, Höhe über dem Meer, Temperatur, Trittfrequenz, Trittqualität, Leistung, Herzfrequenz, Kalorienverbrauch, Fitness, Trainingszustand und noch einiges mehr. Zudem lassen sich diese Daten nicht mehr nur summiert, sondern im Verlauf per Datenübertragung auf Handy und PC auswerten und darstellen.

Alt und neu: Zwischen diesen Fahrradcomputern liegen knapp 25 Jahre.

Weit verbreitet und nach wie vor top sind die Polar-Geräte. Es gibt viele Modelle nicht nur zur Pulskontrolle, sondern auch zur Trainingssteuerung.

Ein ganz spezielles Trainingsgerät stellt das SRM-System dar, welches vor allem im professionellen Sport eingesetzt wird. Es wird in den Kurbelsatz integriert (da gibt es mittlerweile Adaptionen für nahezu jedes Tretlager) und ermöglicht eine unmittelbare Tretkraft- und Leistungsanalyse, einschließlich der telemetrischen Übertragung zur Überwachung von außen. Viele der klassischen Radcomputerdaten können nicht mehr nur per Wegaufzeichnung durch das drehende Rad, sondern auch per GPS gemessen und aufgezeichnet werden – was dem Autofahrer recht ist, ist dem Radler billig. Das Navigationsgerät fürs Rad auf der Straße und im Gelände gibt es mit zweckangepassten Geräten und spezieller Kartensoftware (GPS-typische Probleme wie Abschattung des Satellitenempfangs durch Bewuchs, Gebäude und Topographie treten natürlich auch hier auf).

Erste Versuche, mechanische Funktionen wie die Schaltung per Elektronik zu steuern, steckten lange Zeit in den Kinderschuhen bzw. waren höchstens von bescheidenem Erfolg gekrönt (mal

Garmin hat eine riesige Bandbreite an GPS-Geräten im Programm. Der leichte Garmin 500 zeigt übersichtlich alle radsportrelevanten Werte an – auch Watt von einem ANT+-Gerät wie von SRM-Kurbeln.

SRM-Leistungsmessung ist nicht nur mehr den Profis vorbehalten - es gibt sie mit sehr vielen Kurbelvarianten.

abgesehen von Shimanos Getriebenaben). Dies hat sich mit der Präsentation der Dura-Ace DI2-Schaltgruppe geändert. Und per Techniktransfer kommt auch der Breitensportler über die Ultegra-Gruppe in den Genuss der neuen Technologie.

Der Einzug der Elektronik ins Reich der Radler fand ja bei der Fahrdatenerhebung statt. Im Gegensatz zum motorisierten Zeitgenossen ist der Radler nicht verpflichtet, seine Geschwindigkeit zu kontrollieren (Fotos von per Radarfallen geblitzten Radfahrern haben schon die Runde gemacht!). Aber Fahrstrecke, Durchschnitt, Fahrzeit usw. mussten nicht mehr umständlich vermessen und berechnet werden.

Shimano war das allerdings nicht genug: Auch beim Radtacho haben die Japaner die Integration vorangetrieben: Das sogenannte FliteDeck griff per Datenbus auf die Gangwahl zurück und errechnete aus Geschwindigkeit und Übersetzung die Trittfrequenz virtuell. Der entscheidende Vorteil lag darin, dass dies die Bedienung des Computers zum Umschalten der Funktionen ohne Wechsel der Griffposition (so man »auf den Bremsgriffen« fährt) ermöglicht. Campagnolos Pendant nannte sich ErgoBrain; dieses errechnete aus Geschwindigkeit und Trittfrequenz per Selbstlernfunktion den passenden Zahnkranz für die Ganganzeige, so dass auf umständliches Umprogrammieren des Computers beim Wechsel auf ein Hinterrad mit einer anderen Abstufung verzichtet werden kann. Die radfah-

Der elegant integrierte Speed- und Kadenzempfänger funkt im offenen ANT+-Standard nach vorne.

rende Gemeinde allerdings reagiert zurückhaltend auf den technischen Overkill – aber zumindest ein einfacher Computer gehört mittlerweile zur Standardausstattung des Rades.

Die digital-drahtlose Übertragung gehört inzwischen zu den Standards der Hersteller und ist auch weit weniger störanfällig auf elektrische Felder (wie zum Beispiel von einem Nabendynamo!) als noch vor wenigen Jahren. Inzwischen ist vor allem auch das ANT+-System auf dem Vormarsch. Dabei handelt es sich um ein Übertragungssystem, das selbst Geräte unterschiedlicher Hersteller miteinander verbindet. Ein Beispiel: Trek hat bei seinen Madone-Carbonrennern den Signalgeber für Speed und Trittfrequenz elegant hinten in die linke Kettenstrebe integriert, und dieser kann jetzt nach vorne funken – zu allen Computern mit ANT+, etwa einem Bontrager-Radcomputer oder auch einem Garmin GPS-Gerät. Und dieses könnte wiederum auch gleich die Wattangaben einer Leistungsmesskurbel empfangen, zum Beispiel SRM oder Quark. Keine Kabel, alles kompatibel – wer hätte das gedacht?

2.2.5. Alltag und StVO

Ganz Harte fragen jetzt natürlich nach der StVO und solchen Teilen wie Schutzblechen, Ständer, Gepäckträger, Beleuchtung, Reflektoren, Glocke. Ist denn so ein Sportgerät wie unser High-End-Renner überhaupt »legal«? Darf man sich mit so etwas überhaupt in einem öffentlichen Verkehrsraum bewegen? Das ist allerdings ein trauriges Kapitel. Nicht, weil es dazu keine hochwertigen Teile zu kaufen gäbe. Die Hersteller bieten hierzu einiges an. Sondern weil die Engstirnigkeit der Bestimmungen einem schon das Wasser in die Augen treiben kann. Einerseits gibt es jede Menge Bestimmungen. Und andererseits wieder Ausnahmen.

Fangen wir von vorne an. Festgelegt ist Folgendes: Jedes Rad, das im öffentlichen Verkehrsraum bewegt wird, muss über eine fest installierte Beleuchtungseinrichtung und eine Glocke verfügen (keine Hupe oder sonst etwas!). Die aktive Beleuchtung besteht aus Frontleuchte und Rückleuchte, welche über einen Dynamo betrieben werden sollten, der über eine Nennleistung von mindestens 3 Watt verfügt und dessen Nennspannung 6 Volt beträgt (für die Batteriebeleuchtung gelten ein paar bestimmte Regeln, damit sie zugelassen ist). Dazu kommt das passive Ensemble von Reflektoren: Weiß vorne, rot hinten, gelb zu beiden Seiten der Laufräder – die sog. Speichenstrahler, wobei auch weiße Reflexflanken an den Reifen in Ordnung gehen – und gelb vorne und hinten an den Pedalen.

Für unsere Rennräder im Sinne eine Sportgerätes gilt die »Elf-Kilo-Regel«. Bei einem solchen Rad mit einem Gewicht von unter 11 kg darf in punkto Beleuchtung insofern eine Ausnahme gemacht werden, als die Beleuchtungseinrichtung abnehmbar sein darf (allerdings muss sie am Rad oder in einem Begleitfahrzeug mitgeführt werden). Wer hat schon einmal eine Rennmaschine mit einem Satz Rückstrahler gesehen? Oder gar einer Beleuchtung? Eben! Ob die den Straßenverkehr überwachenden Behörden unserer Meinung sind, sei dahingestellt – in die Dunkelheit jedenfalls sollte man nicht kommen mit einem Rad »ohne«, nicht einmal in die Dämmerung! Zum Thema Rad und Beleuchtung gibt es jetzt ein Grundsatzurteil. So berichtet das Landsberger Tagblatt in seiner Ausgabe vom 15.6.05/Nr. 135 auf der Titelseite von einem Urteil des OLG Frankfurt (Az.: 24 U 201 / 03); demzufolge »muss ein Radler, der im Dunkeln ohne Licht fährt, bei einem Unfall grundsätzlich für den Schaden haften.« Wenn also ein Kraftfahrzeuglenker wegen eines unbeleuchteten Radfahrers infolge eines Ausweichmanövers die Kontrolle über sein Fahrzeug verliert und wie auch immer verunfallt, trifft den Radfahrer die volle Haftung – und da zahlt keine private Versicherung, denn Fahren im Dunkeln ohne Licht ist mindestens grob fahrlässig. Das kann teuer werden – ganz abgesehen von der Gefahr für Leib und Leben aller Beteiligten!

Allerdings: Im Gegensatz zu den schwereren Mountainbikes und Tourenrädern sind wir beim Rennrad insofern fein heraus, als auch eine dynamolose Beleuchtung (aufs Prüfzeichen achten!) gesetzeskonform ist. Sehen wir es von der anderen Seite her: Mit einer aktiven Beleuchtung, wie sie der Zeltbeleuchtungshersteller (als Fahrradlicht darf man so etwas wohl nicht anbieten, deswegen die kuriose Bezeichnung, Anm. d. Verf.) Lupine anbietet, kann man wirklich des Nachts im Dunklen fahren und diese Fahrt auch genießen – aber wo die StVO gilt, nur illegal!

In der Tat gibt es reichlich Komponenten, die ein Rad nacht- und damit wirklich 24-Stunden-tauglich machen. Dazu gehören Doppelverkabelung, Diodenrücklicht mit Standlichtfunktion und integriertem Reflektor, Contis GP 3000 mit Reflexstreifen, Halogenfrontlicht und die Nabendynamos von SON, Shimano und neuerdings auch Supernova. Letzterer entwickelt nicht nur die rennradtauglich leichten Dynamos selbst, sondern hat auch die passenden Highend-LED-Lampen im Portfolio und hat sich dem Thema Nabendynamo-Licht mit hohen Ansprüchen an Licht und Sicherheit gewidmet. Zumindest bei der Wintertrainingsmaschine kann man so etwas schon machen – denn da kommen ja auch oft noch Schutzbleche dran.

Es gibt auch endlich das, worauf wir lange gewartet haben: das ultimative LED-Frontlicht, das mit der vorgeschriebenen lächerlichen Wattzahl endlich richtig Licht macht. Die rasante Entwicklung der Licht emittierenden

Lupine Piko – superklein, leicht und inzwischen 750 Lumen stark – auch für 31,8 mm »Zeltstangen« geeignet.

Dioden (LED), welche im Gegensatz zu den herkömmlichen Glühlampen aus dem wenigen zur Verfügung stehenden Strom statt Abwärme vor allem Licht produzieren, haben es zusammen mit einer Prise Einsicht, Vernunft und Weitsicht den Behörden möglich gemacht.

Für viele Radfahrer findet das schönste Hobby der Welt ohnehin nur bei Sonnenschein statt. Es gibt jedoch nicht nur die Schönwetterfahrer: Für die Fahrt bei schlechtem Wetter aber wünscht sich der engagierte Radler wirksamen Schutz – nein, nicht nach oben (dafür gibt es passende Kleidung), sondern nach unten, vor dem Spritzwasser und dem aufgeweichten Schmutz der Straßen. Auch hier lässt der Zubehörmarkt inzwischen kaum noch Wünsche offen. Leichte, abnehmbare Schmutzfänger

Ein Rennradschutzblech für die Regenfahrt muss nicht hässlich sein.

Ein Muss: kleine Satteltasche mit praktischem Klickhalter von Vaude.

für den Renner gibt es beispielsweise von SKS in guter Qualität.

Bleibt das letzte Problem (nein, einen Ständer baut man nicht hin an ein Sportgerät!), das es zu lösen gilt: das der Gepäckaufnahme.

Es gibt zwar den Rucksack bzw. den Camelbak – aber wer schon mal mehr als 100 km mit 5 kg am Buckel gefahren ist, weiß, dass es bessere Lösungen geben sollte. Aber ein Gepäckträger am Renner? Wenn wir an das Drahtgestell mit Federklappe von Muttis Einkaufsholländer denken, läuft uns ein kalter Schauer über den Rücken!

Aber inzwischen gibt es Träger, die an der Sattelstütze zu befestigen sind, beispielsweise von Topeak, die bis zu 9 kg tragen, und die uns einen frei atmenden Rücken bescheren – für eine Mehrtagestour die einzig sinnvolle Lösung. Sogar Taschen kann man mit entsprechendem Zubehör dran befestigen.

Man sieht: Auf Tour gehen ist auch mit edelstem Gerät möglich – ohne die Maschine zu verhunzen.

2.2.6. Maße und Spezifizierung

Wir erwähnten oben, dass Räder mit Teilen aus dem Baukasten konfektioniert werden. Die große Frage, die daraus resultiert, lautet: Was passt zusammen? Wir wollen deshalb im Folgenden bezogen auf die Baugruppen die wichtigsten Maße zusammenfassen, wobei wir uns auf die Standards von Sporträdern beschränken wollen.

Achsklemmbreiten

Die lichte Weite einer Fahrradgabel zwischen den Ausfallenden beträgt 100 mm, die des Rahmens 130 mm (früher, vor Achtfach, 126 mm) beim Rennrad; beim Crossrad und beim Fitnessbike wie beim Mountainbike oft 135 mm.

Achtung: Alte Rennradrahmen aus der Siebengang-Zeit hatten oft einen Sattelstrebenansatz, der sehr nahe an die Achse kam – evtl. ist der schnellste Gang dann nicht mehr schaltbar, wenn er 13 oder 14 Zähne hat!

Sattelstütze

Der Durchmesser der Sattelstütze ist äußerst uneinheitlich. Da die Herstellung von Rohren nach Außendurchmesser mit gradzahlig gebrochen Zollmaßen 1" plus 1/2, 1/4, 1/8, 1/16, 3/8, 3/16 usw. standardisiert ist und zwecks Festigkeit und Gewicht eine gewisse Wandstärke nicht über- oder unterschritten werden soll (und zudem durch die weit verbreiteten Schellen für den Umwerfer der Sattelrohrdurchmesser eins der drei Maße haben soll!), ergeben sich daraus automatisch die Durchmesser der Sattelstützen. Und was sich einmal durchgesetzt hat, bleibt Standard. Punkt!

Klassische Durchmesser wie 27,2 oder 31,6 mm sind vor allem beim Rennrad weit verbreitet, aber leider nicht standardisiert. Im Prinzip finden wir von 25,4 mm bis 31,8 mm alle zwei Zehntel ein Maß, welches irgendein Hersteller in der ungezügelten Lust freischwingender Kreativität für das beste hält. Ein paar geniale Erfinder fanden wohl auch, dass diese geraden Maße zu langweilig seien, und kamen deshalb auf ungerade Werte wie 30,9 mm. »Ausreißer« wie Look bei den etwas älteren Modellen (25,0 mm) kommen hinzu.

Wer den passenden Durchmesser sucht und die alte Stütze (denn dort ist der Durchmesser meistens vermerkt) nicht mehr zur Verfügung hat, erkundigt sich beim Hersteller oder bei dem Händler, der ihm das Rad verkauft hat. In fast allen Fällen ist der Durchmesser der Sattelstütze auf dem Rohr dokumentiert, eine Schublehre ist nicht unbedingt nötig.

Die Klemmung für das Sattelgestell war lange Zeit weitestgehend einheitlich: 6 mm stark sind die Schienen des Sattelgestells bei Sätteln mit metallenen Streben. Probleme bereiten lediglich solche mit ovalem Querschnitt, wie man sie bei Leichtbausätteln mit Carbonstreben findet. Hierfür bieten aber viele Sattelstützenhersteller spezielle Klemmvorrichtungen an. Neu ist Selle Italias Monolink mit zwei vertikal angeordneten Streben, hierfür benötigt man spezielle Stützen.

Auch die Länge spielt eine Rolle: Die Sattelstütze sollte – der Höhe nach passend justiert – noch ausreichend tief im Sattelrohr stecken, um den Rahmen nicht zu überfordern. Faustregel: Deutlich durch das Oberrohr durch!

Auf der Stütze selbst ist der zulässige Maximalauszug per Markierung gekennzeichnet, diese dient dem Schutz der Stütze vor Überlastung. Am Rennrad war das so gut wie nie ein Thema – jedoch, die Zeiten ändern sich; die modernen Sloping-Geometrien erfordern einen etwas höheren Auszug und führen damit aufgrund der Hebelverhältnisse zu höheren Kräften. Mit der Faustregel oben liegt man aber auf jeden Fall richtig.

Steuersatzmaß

Das Steuersatzmaß hängt ab vom Steuerrohr des Rahmens und des Gabelschaftes. Folgende Maße sind gebräuchlich: Der 1"-Gabelschaft weist oben einen Außendurchmesser von 25,4 mm auf, der Konussitz am unteren Ende einen solchen von 27,0 mm (eher selten) oder von 26,4 mm; der Innendurchmesser beträgt für Einsteckvorbauten 22,2 mm.

Bemaßung beim Steuersatz

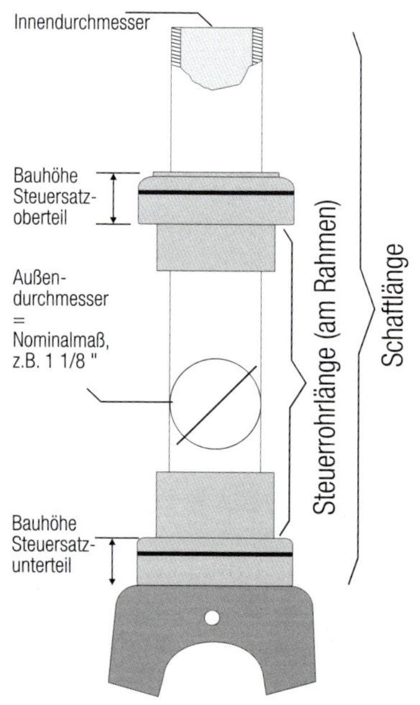

Gabelschaftmaß 1 oder 1,125" im Vergleich.

Der 1 1/8"-Gabelschaft weist oben einen Außendurchmesser von 28,6 mm auf, der Konussitz am unteren Ende einen solchen von 30,0 mm; der Innendurchmesser beträgt für Einsteckvorbauten 25,4 mm. Dies gilt auch für gewindelose Schäfte, mit einer Ausnahme: Ihr Innendurchmesser ist nicht spezifiziert!

Ein spezielles Maß hat Cannondale bei seinem von der HeadShok-Gabel hergeleiteten Durchmesser: Hier passen nur Vorbauten mit einem Klemmdurchmesser von 39,5 mm. Und dann gab es noch Kleins Quantum Pro mit einem Gabelschaftmaß von 27,0 mm.

Verwirrung haben die neuen, in das Steuerrohr integrierten und deshalb so genannten integrierten Steuersätze gestiftet. Hier existieren mehrere Normen parallel. Die bekanntesten sind der Hiddenset von Campagnolo (für 1" und 1 1/8"), der Zero Stack, der Integrated Headset und der Press-Fit-Steuersatz, die jeweils für beide Schaftmaße existieren (1" und 1 1/8"). Genauere Angaben verkneifen wir uns – da hilft nur das Datenblatt vom Hersteller.

Auf dem Vormarsch im hochwertigen Bereich ist die Variante des getaperten Schaftrohrs, welches im oberen Lagersitz einen 1 1/8" und im unteren einen 1 1/4 bis 1 1/2" Durchmesser aufweist. Ob es zu einer Einigung und damit Vereinheitlichung kommt, wird die Zukunft zeigen.

Vorbaumaß

Die Klemmmaße für Vorbauten haben wir oben beim Steuersatzmaß abgehandelt. Die Lenkerklemmung beträgt 25,8 oder 26,0 mm (was quasi gleichgesetzt wird). Früher waren auch 25,4 mm bei Firmen wie Modolo oder ITM bzw. 26,4 mm bei Cinelli üblich.

Bezüglich der neuerdings verbreiteten Oversized-Lenker hat man sich auf einen Lenkerdurchmesser von 31,8 mm geeinigt, was mittlerweile als Standard im Bereich hochwertiger Komponenten angesehen werden darf.

Beim Vorbau wird weiterhin die Länge angegeben – gemessen in der Längsachse des Vorbaus von Mitte Lenker bis Mitte Gabelschaft.

Das letzte Maß betrifft den Winkel der Höhe nach. Hier hat man sich darauf geeinigt, einen Vorbau, der rechtwinklig vom Gabelschaft wegsteht, als 0° geneigt zu bezeichnen. Der klassische waagrechte Rennradvorbau hat bei einem durchschnittlichen Steuerrohrwinkel von 73° das Maß –17°.

Mittlerweile wird auch beim Rennrad ein leichter ansteigender Winkel beim Vorbau (analog zum leicht fallenden Oberrohr) akzeptiert, das übliche Maß beträgt hier 6°, abweichend von den senkrechten 0°. In der Regel sind diese Vorbauten als Flip-Flops designt, sodass man sie flacher oder steiler nutzen kann, je nachdem, was für die Sitzposition gebraucht wird.

Beim Lenker selbst ist noch der Durchmesser im Bereich der Griffe bzw. der Brems-/Schaltgriffbefestigung wichtig: Er beträgt beim Rennradlenker 23,8–24,0 mm.

Tretlager

Da wären zunächst die Gewinde im Rahmen zum Einschrauben des Innenlagers. Üblich sind heutzutage zum einen der BSA-Standard mit Rechtsgewinde links und Linksgewinde rechts. Die Gewindegröße beträgt 1,37 x 24, das heißt, der Außendurchmesser des Gewindes beträgt 1,37" = 34,9 mm bei einer Gewindesteigung von 24 Gängen pro Zoll. Die Breite des Tretlagergehäuses beträgt 68 mm, selten auch 73 mm. Beim Rennrad findet man auch noch häufig das »italienische« Gewinde mit Rechtsgewinde auf beiden Seiten, bezeichnet als 36 x 24; das heißt, der Außendurchmesser des Gewindes beträgt 36 mm bei einer Gewindesteigung von 24 Gängen pro Zoll.

Bei älteren Rahmen findet sich mitunter auch das »französische« Gewinde, bezeichnet mit P 35 x 1. Es gleicht von den Abmessungen fast aufs Haar dem BSA-Standard, hat aber zweimal Rechtsgewinde. Zum Glück gibt's dafür keine Teile mehr!

Kommen wir zur Verbindung von Kurbel und Innenlagerwelle. Zunächst sind da die Vierkante: Campagnolo fertigt nach ISO, Shimano nach JIS-Norm. Wichtig ist, Ersatzinnenlager für vorhandene Kurbeln der Norm entsprechend zu besorgen. Eine Entscheidung lässt sich da nur vom Hersteller ableiten – Messen ist schwierig.

Die neueren Adaptionen für Kurbeln waren Octalink (von Shimano) und ISIS, eine Norm, der sich Hersteller wie z. B. RaceFace, FSA und Truvativ angeschlossen hatten.

Verwirrung gibt's beim Octalink: Die Rennradkurbeln haben das gleiche Profil wie XTR! DeoreXT, DeoreLX und Deore haben ein eigenes Octalink!

Shimanos Hollowtech II passt wiederum nur zu sich selbst – hier handelt es sich um ein eigenständiges, spezifisches Zahnprofil.

Bedeutsam sind noch die Achslängen: Sie hängen kurbelspezifisch von der Kurbelkröpfung ab. Die Länge der Achse wird ohne Kurbel drauf über alles gemessen. Aktueller Stand der Technik im Carbon- und hochwertigem Alurahmenbereich sind integrierte oder »Press-Fit«-Innenlager. Durch deren Einsatz kann auf die Schwachstelle Gewinde(-hülse, geklebt) verzichtet werden. Diese Innenlager sind ausschließlich für die Verwendung mit den aktuellen Kurbelgenerationen geeignet und werden, wie der Name schon sagt, in die dafür vorgesehene Innenlagergehäusepassung eingepresst.

Aktuelle Kurbelgarnituren haben eine Einheit, bestehend aus rechtem Kurbelarm und Tretlagerachse, auf der der linke Kurbelarm verschraubt wird (Shimano Hollowtech2, SRAM GXP, FSA Mega EXO, Campagnolo Powertorque) oder jeweils einen Kurbelarm mit halber Achse, die mittels Hirth-Verzahnung zu einer Einheit verschraubt werden (Campagnolo Ultratorque).

Kommen wir zu den Maßen: Shimano Press-Fit: Einpressschalen mit Kugellager, für Gehäusebreite 86,5 mm, Innendurchmesser Lagersitz 41 mm; Press-Fit30: Einpressschalen mit Kugellager, für Gehäusebreite 68 mm, Rahmeninnendurchmesser 46 mm; BB30 (offener Standard von Cannondale): Lager direkt gepresst, Gehäusebreite 68 mm, Rahmeninnendurchmesser 41,86 mm; BB95/90/86/83: Lager direkt gepresst, Gehäusebreite 95/90/86/83 mm, Rahmeninnendurchmesser 37 mm.

Auch die Kurbellänge ist ein spezifisches Maß: Sie ist meist auf der Rückseite der Kurbel eingeprägt und sollte mit der Beinlänge korrespondieren. Üblich sind beim Rennrad 170, 172,5 und 175 mm, seltener auch 165 und 180 mm.

Die Normen für Kettenblätter sollen hier ebenfalls erwähnt sein. Augenfällig ist die Zähnezahl (in der Regel eingeprägt), die Anzahl der Befestigungsbohrungen (i. d. R. 5) und der sogenannte Lochkreisdurchmesser.

Er beträgt bei Shimano 130 mm, bei Campagnolo 135 mm (früher auch

144 mm), bei Compact-Kurbeln 110 mm. Bei Dreifach-Kurbeln wird der »granny« auf einem solchen von 74 mm befestigt. Weiterhin wird bei Kettenblättern mit Schalthilfen ein zweiter Wert für die dazu passende Zähnezahl des nächstkleineren Blattes eingestanzt.

Pedalgewinde

Bei allen im sportlichen Bereich verbauten Pedalen haben wir einen Gewindedurchmesser von 9/16'', was 14,3 mm entspricht.

Achtung: Die Gewinde sind gegenläufig, d. h. rechts haben wir ein Rechtsgewinde, links ein Linksgewinde.

Kettenlinie

Die Kettenlinie bezeichnet den Abstand zwischen der Mittelebene des Rahmens und damit auch des Hinterbaus und des Tretlagergehäuses und der Mittelebene von Zahnkranz und Kettenrädern an der Tretkurbel. Beim Rennrad 2-fach beträgt sie 43 mm und bei der 3-fach-Version 45 mm.

Umwerfer

Beim Umwerfer fangen wir am besten mit den Befestigungsoptionen an: Da gibt es den klassischen Anlötsockel oder die modernere Schellenbefestigung. Letztere wiederum hat drei Durchmesseroptionen: 28,6, 31,8 oder 34,9 mm.

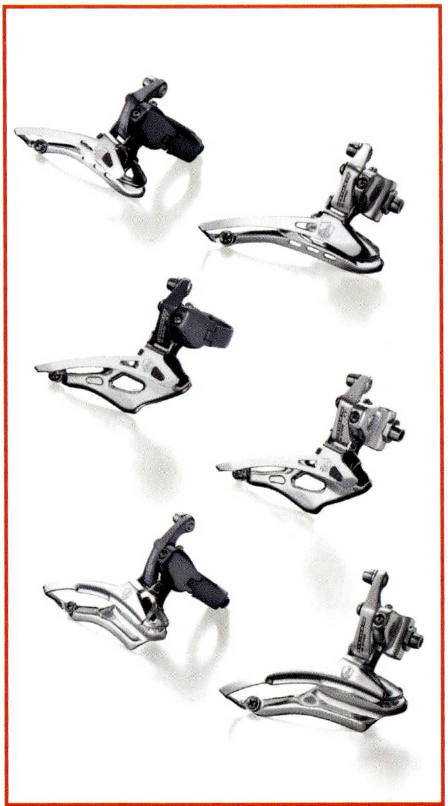

Beim Umwerfer muss man verschiedenste Varianten beachten.

Zudem kommt es darauf an, ob der Umwerfer für zwei oder drei Kettenblätter verantwortlich zeichnen soll. Dies wirkt sich auf Käfigform, -profilierung und Parallelogrammabmessungen aus. Wer Bikekomponenten auf einen Rennrahmen montieren möchte, muss bei der Wahl des passenden Umwerfers neben der Kettenlinie auch auf den Winkel zwischen Hinterbau und Kettenstrebe achten! Auch für Kompaktkurbeln gibt es inzwischen Umwerfer mit speziell profiliertem Käfig.

Reifen

Das Maß der Verwirrung bei Drahtreifen übersteigt – mehr noch als bei integrierten Steuersätzen – die menschliche Vorstellungskraft. So hat ein Reifen mit 28" nach ETRTO einen Felgensitzdurchmesser von 622 mm, ein 27"er jedoch von 630 mm. 27" ist also größer als 28"!

Beim Maß 26" gibt es gleich drei Möglichkeiten: 559 mm (Mountainbike), 571 mm (Triathlon) und 590 mm (wozu eigentlich?).

Merke: Die einzig akzeptable Bemaßung ist die nach ETRTO. Die erste Ziffer – z. B. 23 – bezeichnet die Breite in Millimeter, die zweite – z. B. 622 – den Durchmesser am Felgensitz des Reifens in Millimeter. Typische Rennradgrößen sind 23-622 oder 25-622, seltener auch 28-622 oder 20-622 bzw. 23-571 oder 20-571 beim Triathlon-Rad.

Auch bei Schlauchreifen/Tubular geht es inzwischen nach ETRTO. Die klassische Größe heißt 22-622 bzw. 23-622.

Bremsmaße

Beim Rennrad gibt es ein sogenanntes Stichmaß; es gilt ab Mitte Bremsbefestigung bis zur Oberkante der Felge, der Spielraum reicht von 39 bis 49 mm.

Damit kann man Reifen bis zu einer Stärke von 25 mm verbauen. Bei sogenannten langen Bremsen für Reise- und Fitnessbikes beträgt es 47 bis 57 mm – das bedeutet zusätzlichen Platz für dickere Reifen und/oder Schutzbleche.

Leistungsdiagnostik, Fahrradelektronik

Hier gibt es erste Ansätze, Geräte verschiedener Provenienz zwecks Datenerhebung und Vernetzung mit einem einheitlichen Übertragungsprotokoll zu verbinden, das sogenannte ANT+-Protokoll (in etwa ähnlich dem vielerorts bekannten Bluetooth). Auf darauf basierende Entwicklungen dürfen wir mit Recht gespannt sein.

3. TECHNIK FÜR DEN FAHRER

Wie wir schon oben ausgeführt haben, bilden insbesondere beim Radeln Fahrer und Maschine eine Einheit, wobei der Part der ergonomischen Anpassung voll und ganz von der Maschine übernommen werden sollte.

Vor der ersten Ausfahrt mit einem Rad sollten deshalb die ersten, absolut unverzichtbaren Einstellarbeiten für die Anpassung an den Fahrer sachgerecht vorgenommen worden sein. Jedoch sollte – grau ist alle Theorie und beim Fahren kommt die Erfahrung – auf den ersten Ausfahrten passendes Werkzeug zur Hand sein, um die Feineinstellung zu optimieren. Letzten Endes macht so die Fahrt mit dem neuen Rad erst richtig Spaß!

Hilft auch alle Einstellerei nichts, dann heißt es zurück zum Händler und für den Zweck besser passende Bauteile erstehen – sei es ein anderer Sattel, ein höherer Vorbau oder eine neue Sattelstütze. Oder gar ein neues Rad – durch Fehler beim Kauf kann schon mal die falsche Größe oder das falsche Rad über den Ladentisch gereicht werden.

Wir wollen uns hierbei vor Schuldzuweisungen hüten: Fehlerhafte Beratung kann genauso eine Ursache sein wie mangelnde Orientierung über die eigenen Ziele oder falsch verstandene Sparsamkeit (wenn das günstigere Auslaufmodell nur noch in einer »Knapp-daneben-Größe« erhältlich ist).

Und, wie wir bei den Sätteln besonders deutlich gesehen haben, spielt auch die eigene Vorstellungswelt eine Rolle. So sieht man mitunter Herren auf rassigen Rennmaschinen mit weiblicher Begleitung auf Hollandrad »on tour« gehen – für diese Geschwindigkeiten taugt die Sitzposition einer Rennmaschine nicht! Es sollen allerdings auch schon solche Herren von ihren Begleiterinnen abgehängt worden sein ...

Ergonomische Anpassung muss deshalb nicht nur anatomisch korrekt (nach Größe, Geschlecht, Kraft und Fahrkönnen), sondern auch passend zu Einsatzzweck und Fahrstil erfolgen: Ein Tourenrad erfordert eine andere Sitzposition als eine Sportmaschine. Oder nochmals anders ausgedrückt: Ein Spazierfahrstilist benötigt eine andere Sitzposition als ein leistungsorientierter Langstreckentouristenfahrer, und der wettkampforientierte Rennteilnehmer wiederum eine andere.

Auch darauf haben die Rahmenhersteller kreativ reagiert: So gibt es anwendungsspezifische Rahmengeometrien betreffend Sitzposition und Fahrverhalten. Kürzeres oder längeres Oberrohr? Kürzeres oder längeres Sattelrohr? Kürzeres oder längeres

Steuerrohr? Kürzere oder längere Kettenstreben? Flacheres oder steileres Sattelrohr? Flacherer oder steilerer Lenkwinkel? Wendig-dynamisches oder eher lammfromm-stabiles Fahrverhalten? Und alles soll gut aussehen, wenn das Rad ohne Fahrer dasteht ... Auch die bierbäuchigsten Hollandradbegleiter wollen ihr Rad mit den Augen genießen. Peinlich kurze, steile Vorbauten gehen da gar nicht!

Doch egal, mit welcher Basisgeometrie ein Rennradrahmen antritt, es bedarf auf jeden Fall der korrekten Rahmengröße. Darauf folgen die spezifischen Anpassungen, betreffend Sitzposition und Übersetzung.

3.1. Richtig sitzen, um richtig zu fahren

Ausschlaggebender Faktor für eine angemessene, passende Sitzposition ist außer dem passenden Rahmendesign die passende Rahmengröße. Da gibt es eine Basisformel: Schrittlänge x 0,66 ergibt die richtige Rahmengröße.

Was ist die Schrittlänge? Die Schrittlänge ist die Länge des Beines im gestreckten Zustand, und zwar von der Sohle bis zum Schritt (anatomisch korrekt bezeichnet man diese Körperstelle als den Damm).
Um diese zu messen, stellt man sich barfuß oder in Socken gerade hin, klemmt eine Wasserwaage oder einen Besenstiel oder einen ähnlichen Gegenstand zwischen die Beine und zieht diesen fest in den Schritt. Dabei achtet man darauf, dass die Messlatte waagerecht bleibt. Die Entfernung von der Oberkante unseres Lineals bis zum Boden ist die Schrittlänge.

Diese Schrittlänge entspricht dann fast der Distanz zwischen Pedaloberseite und der Satteloberfläche, gemessen in der Achse des Sattelrohres. »Fast« deswegen, weil die Sohlenstärke dazu addiert werden muss, außerdem ist das hängende Bein etwas länger (die Begründung dafür finden Sie weiter unten).

Die Überprüfung der korrekten Sitzhöhe nimmt man wie folgt vor: Mit der Kurbel am unteren Totpunkt und den Händen am Lenker auf dem Sattel sitzend soll der Absatz des durchgedrückt hängenden Beines bei waagerechter Beckenstellung die Oberseite des Pedals leicht berühren. Anders ausgedrückt: Die Sitzhöhe ergibt sich aus Kurbellänge minus Pedalaufbau minus Sohlenhöhe im Bereich der Fersenmitte plus Rahmenhöhe plus Sattelstützenauszug plus Sattelhöhe.

Apropos Sattelstützenauszug: Rein theoretisch lässt sich damit einiges in Sachen Rahmenhöhe kompensieren. Doch jetzt kommt das Aber: Bei zu wenig Auszug (also: Rahmen zu hoch) folgt daraus: Rahmen zu lang, Vorbau muss kürzer werden, dafür kommt der

Lenker höher heraus und die Gewichtsverteilung wird sehr hinterradlastig.

Und bei zu viel Auszug (Rahmen zu niedrig)? Das bedeutet: Lenker liegt zu tief, man benötigt einen überlangen und/oder überhohen Vorbau. Und relativ größere Leute haben relativ größere Füße: Die Wahrscheinlichkeit einer Berührung des Vorderrades mit den Füßen bei starkem Lenkeinschlag steigt. Und: Beide Spielarten fahren sich nicht überzeugend, das Lenkverhalten ist seltsam, die Kraftteffizienz eingeschränkt.

Aufgrund persönlicher Vorlieben kann diese Distanz um maximal 1–2 cm nach oben oder unten abweichen. (Achtung: Das Erreichen des Bodens mit der Fußspitze, solange man im Sattel sitzt, ist KEIN Kriterium für die richtige Sitzhöhe!) Vor allem eher niederfrequentes Treten erfordert eine Korrektur nach oben.

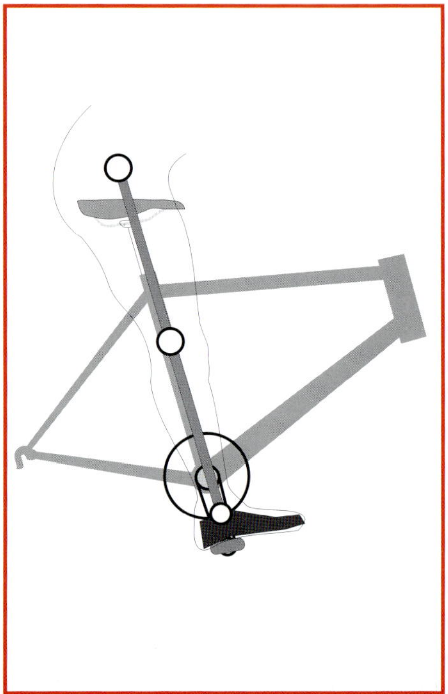

Die richtige Sattelhöhe

Anmerkung zur Sloping-Geometrie

Wir wollen ganz deutlich darauf hinweisen, dass besonders die vom Mountainbike stammende, Sloping (englisch für abfallend, geneigt) genannte Rahmengeometrie das Feststellen der passenden Rahmenhöhe nicht einfacher macht. Bei solchen Rahmen wird oft auch eine virtuelle, nicht direkt messbare Größe angeben, die sich dann wieder mit der o.g. Formel verträgt. Es ist deshalb wichtig, zusammen mit dem hoffentlich erfahrenen Lieferanten unseres Rades die passende Größe herauszufinden; oft ist da auch die (virtuelle!) Länge des Rahmenoberrohres ein bestimmender Faktor.

An dieser Stelle muss wieder der Sattel erwähnt werden: Die richtige Sitzhöhe kann nur mit dem passenden Sattel gefunden werden, auf dem wir spüren, wo wir sitzen, und zwar der Länge nach. Einen Sattel, der uns kein Gefühl für die richtige Position vermittelt (auf dem wir das Gefühl haben, wie auf einer runden Stange zu sitzen), sollten wir nicht verwenden.

Wir gehen hier davon aus, dass ein passender Sattel gefunden wurde. Wenn wir die richtige Sitzhöhe eingestellt haben und den Sattel in der für uns passenden Neigung – halt, was ist die passende Neigung? Wir sollten grundsätzlich davon ausgehen, dass der Sattel waagerecht liegen sollte. Bei einer Neigung nach vorne oder hinten rutschen wir beim Pedalieren automatisch zu weit nach vorne oder hinten auf dem Sattel – und das heißt eben, der Sattel passt nicht.

Dabei sitzen wir leicht einem Trugschluss auf: Wenn der Sattel »vorne« drückt, dann wird er gerne vorne etwas abgesenkt – wir rutschen nach vorne und sitzen somit auf einer schmaleren Fläche, welche die korrekte Abstützung auf dem Beckenkamm verhindert. Richtiger Schluss: Der Sattel passt dann eben nicht. Egal, ob der passende Sattel unserem Auge und der Waage (!) gefällt oder nicht: Wenn wir nicht richtig sitzen, ist eine ermüdungsfreie und ergonomische Sitzposition nicht zu finden.

Wenn wir nun der Höhe nach richtig sitzen, stellen wir als nächstes die horizontal korrekte Sitzposition fest. Die klassische (und an diese wollen wir uns zunächst halten) Faustregel besagt, dass bei waagerecht stehender Kurbel das Lot durch die Pedalachse auch durch die Kniescheibe weisen sollte.

Und die Füße? Auch die Pedalplatten lassen sich der Länge nach verschieben, was wir dazu nutzen, das Großzehengelenk (die Stelle, an der der Fuß zwischen Zehen und Sohle beim Abrollen einen Winkel bildet) genau über der Pedalachse zu positionieren.

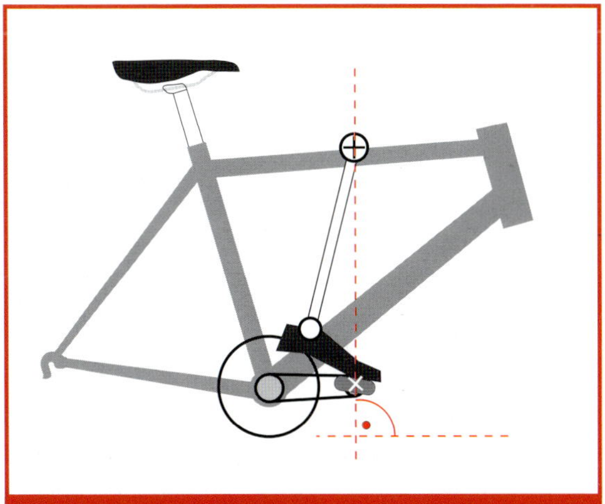

Die korrekte Pedalierposition

Diese bisher besprochene Positionierung – definiert nach Sattelhöhe und -länge sowie Pedalposition – bietet

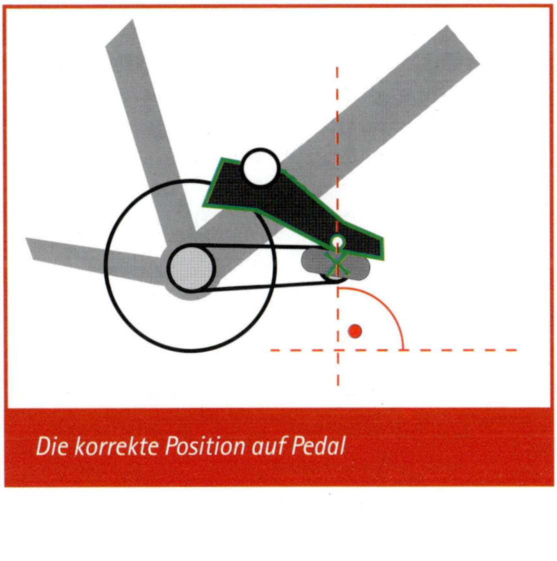

Die korrekte Position auf Pedal

optimale Grundlagen für eine gute Tretergonomie und war der erste Teil der Arbeit.

Der zweite Punkt betrifft die Länge des Rades. Bei einer gegebenen Rahmenhöhe ist auch eine gewisse Rahmenlänge vorgegeben. Variieren lässt sich dann die Position der Länge nach – und wir müssen nach der vorgenommen Einstellung von einer gefundenen Sattelposition ausgehen – nur noch über die Vorbaulänge und die Lenkerform, in engen Grenzen auch über die Griffform.

Uff! Passt denn jetzt die Rahmenlänge? Dazu ist ein kleiner Ausflug in die menschliche Anatomie vonnöten. Alle Menschen sind sich in ihren Proportionen ähnlich – ähnlich, aber nicht gleich. Die ganz Schlauen denken jetzt sofort nach und bemerken, dass ja eigentlich nur die Sitzhöhe entscheidet, und die ist abhängig von einer Summe von Maßen! Man könnte ja einfach die Stütze länger oder kürzer machen und hätte in der Summe die gleiche Sitzhöhe.

Aber jetzt kommen die Länge des Rahmens und die Erfahrung ins Spiel. Die Erfahrung der Rahmenbauer besagt, dass zu einer gewissen Rahmenhöhe eine gewisse Länge gehört, damit der Fahrer zum Radeln ergonomisch passend sitzt (nebenbei bemerkt, auch die Gewichtsverteilung zwischen Vorder- und Hinterrad sollte für ein harmonisches Fahren passen ...).

Dieses Maß ist ein Kompromiss, der für viele gilt, aber nicht für alle. Wir alle wissen, dass es Sitzriesen und -zwerge gibt. Was das heißt? Ein Sitzriese hat im Verhältnis zu anderen, gleich großen Menschen kürzere Beine, dafür einen längeren Rumpf. Für den Sitzzwerg gilt das Gegenteil.

Damit bräuchte ja der Sitzriese einen extra niedrigen und der Sitzzwerg einen extra hohen Rahmen. Zum Glück gibt es da ein wenig ausgleichende Gerechtigkeit: Das die Beinlänge regulierende Gen scheint auch die Arme mit zu formen, das heißt, lange Beine bedeuten lange Arme und umgekehrt. Also kompensieren bei den Sitzriesen kurze Arme den langen Oberkörper und bei den Sitzzwergen lange Arme den kürzeren Rumpf, weshalb die Suche nach dem passenden Rahmen nicht zum erfolglosen Eiertanz wird.

Faustregel: Sitzriesen brauchen relativ niedrigere bzw. längere Rahmen, Sitzzwerge relativ höhere, kürzere.

In jedem Falle gilt: Der Fahrer muss die »richtige« Spannung im Körper fühlen. Zu kurz nimmt die Spannung aus dem Körper, zu lang überspannt. Aber das Problem wird noch durch eine dritte Frage kompliziert, und das ist die der korrekten Höhendifferenz zwischen Sattel und Lenker.

Dafür gibt es zwar Richtwerte, aber keine exakte Formel. Bei Sporträdern liegt der Lenker zur Erzielung einer auf effektiven Krafteinsatz optimierten Position generell 4–8 cm tiefer als der Sattel. Letzten Endes gilt hier: Ausprobieren, was am besten passt. Gerade für Menschen mit etwas ausgeprägterer Verdauungszone oder mit Rückenproblemen sind hier individuelle Lösungen nötig. Aber Radfahren macht ja schlank ...

Tourenräder haben den Lenker etwa auf Sattelniveau – manch rückengeschädigter Zeitgenosse täte gut daran, den Lenker zumindest versuchsweise auf dieser Höhe zu montieren, falls dies technisch überhaupt möglich ist. Beim Einbau einer neuen Gabel hat man diese Option – solange das Gabelschaftrohr nicht zu kurz geschnitten wird. Dass darunter die flotte Optik etwas leidet, sollte man verschmerzen können – leider gehen viele den Weg, mehr auf den Anblick des Rades als auf ihren Rücken zu achten.

Aus dem Triathlon kennen wir die sogenannten »Liege-« oder Aerolenker. Sie bieten vor allem in Kombination mit der sogenannten »American position« neben viel Komfort auf langen, ebenen Strecken eine bessere Aerodynamik: Weniger Luftwiderstand macht schnell, dafür ändert sich aber die Position des Sattels – das Lot durch die Sattelspitze darf durch die Tretlagerzone fallen. Ein Sakrileg für die traditionelle Szene – dabei wird doch nur der Fahrer um das Tretlager herum um einige Winkelgrade nach vorne geschwenkt.

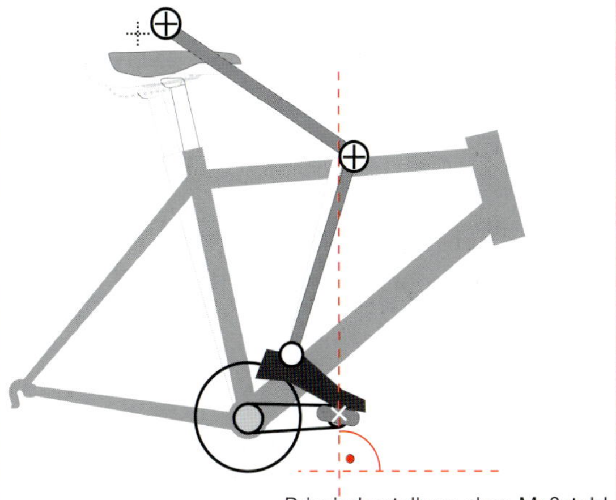

Die »American position«

Wichtig: Die Höhe des Aerolenkers wird für den Sport so gewählt, dass die obere Hälfte des Oberkörpers nahezu waagerecht »im Wind« liegt. Für den Tourero darf es ruhig ein paar Zentimeter höher sein. Angenehmer Effekt: Durch die Armauflagen werden die Wirbelsäule und die oft geplagten Bandscheiben deutlich entlastet.

Zur Längeneinstellung: »American position«-Rahmen sind meist etwas kürzer im Oberrohr. Wer auf einem Rennrad, das auch für die Berge geeignet sein soll, mit einem solchen Lenker fahren will, sollte auf klappbare Armauflagen und Längeneinstellbarkeit achten. Die Oberarme dürfen nicht zu weit nach vorne ziehen, die Armauflagen sollten die Unterarme deutlich vor dem Ellenbogengelenk tragen!

3.2.
Die Wahl der passenden Übersetzung

Mit der Wahl der Übersetzung wollen wir ein weiteres wichtiges Thema bei der Anpassung des Rades an den Fahrer behandeln. Das Ritzelrechnen ist seit jeher ein beliebter Hirnsport in der Szene – wie die paar Übersetzungsmöglichkeiten möglichst effektiv umsetzen?

Was für eine Trettechnik bringt der Fahrer mit? Es gibt Menschen, die behaupten, bei einem gängigen Radumfang mit einer 4/1-Übersetzung nicht schneller als 30 km/h fahren zu können. Rennrad fahren ist nicht nur eine Stilfrage, sondern auch eine der Effektivität: Wir wollen effektiv fahren, im runden Tritt, und das bedeutet möglichst mit 90 bis 110 Umdrehungen pro Minute!

Heute haben wir fast in jedem Falle 18, 20, 22, 27 oder 30 Übersetzungen zur Auswahl. Sind das nicht viel zu viele? Kann man die alle ausnutzen?

Um da etwas Durch- und Überblick zu bekommen, kann man sich eine Entfaltungstabelle berechnen. Wie rechnen? Ganz einfach: Man teilt die Zähnezahl vorne durch die Zähnezahl hinten und multipliziert das Ganze mit dem Abrollumfang in Metern (z. B. 2,11 m). Das Ergebnis ist die sogenannte Entfaltung, das ist die Strecke in Metern, die das Rad pro Kurbelumdrehung zurücklegt. Wirkliche, echte und sinnvolle Gänge sind solche, die sich in der Entfaltung deutlich voneinander unterscheiden. Bergseitig bei schweren Steigungen können 25 cm durchaus spürbar sein, in der Ebene spielen sie so gut wie keine Rolle.

Man sollte sich einmal die Zeit nehmen, zu einem 39er-Blatt alle Ritzel von 11 bis 27 oder gar 29 Zähnen anzusehen. Wir haben hier unseren geschätzten Leser/innen die Arbeit des Rechnens schon mal abgenommen (zugrunde liegt ein Abrollumfang von 2110 mm). Die so gewonnene Entfaltungstabelle (s. S. 139) zeigt, weswegen die bergseitigen Zähnezahlen immer weiter gespreizt werden – andernfalls würde man den Schaltvorgang kaum bemerken.

Tragen Sie einmal Ihren Kranz mit seinen Gängenummern in die erste Spalte ein (wobei gemäß der Definition aus dem Kfz-Wesen der Gang mit der größten Entfaltung auch der mit der höchsten Nummer sein sollte) und schauen Sie sich den Entfaltungsverlauf an.

Achtung! Wer allerdings ein anderes Kettenrad vorne fährt oder betrachten will, muss sich selbst ans Rechnen machen – aber im Zeitalter von Excel sollte so etwas eher Spaß als Mühe machen!

Zähnezahlen			
Gang vorne	Gang hinten	Übersetzung	Entfaltung
39	11	3,54	7,44 m
39	12	3,25	6,86 m
39	13	3,00	6,33 m
39	14	2,78	5,88 m
39	15	2,60	5,49 m
39	16	2,43	5,14 m
39	17	2,29	4,84 m
39	18	2,16	4,57 m
39	19	2,05	4,33 m
39	20	2,05	4,11 m
39	21	1,85	3,92 m
39	22	1,77	3,74 m
39	23	1,69	3,58 m
39	24	1,62	3,43 m
39	25	1,56	3,29 m
39	26	1,50	3,16 m
39	27	1,44	3,05 m
39	28	1,39	2,94 m
39	29	1,34	2,84 m

Wie kommt man jetzt zur Geschwindigkeit in km/h? Indem man die Entfaltung mit der Kurbeldrehzahl verrechnet: Man multipliziert die Entfaltungsmeter mit der Drehzahl (1/min), multipliziert dieses Ergebnis mit 60 (wegen der Einheit Stunde) und teilt es durch 1000 (wegen der Einheit km).

Eine klassische Trainingsübersetzung beim Rennrad ist bei einer Trittfrequenz von 100 U/min 39/16 oder 42/17. Damit kommt man auf knapp 31 km pro Stunde.

Machen Sie sich ruhig die Mühe und rechnen Sie alle Kombinationen durch, auch die sogenannten Diagonalgänge (wie vorne klein/hinten klein oder vorne groß/hinten groß), auch wenn es früher hieß, dass diese Gänge eigentlich nicht geschaltet und vor allem nicht gefahren werden sollten. Die Flexibilität moderner Ketten und die

Kapazität der aktuellen Schaltwerke haben diesen Gespenstern so ziemlich den Garaus gemacht.

Bei den Zweifach-Systemen darf man getrost bis zum vorletzten Ritzel gehen, bei den dreifachen lässt man eher zwei bis drei Ritzel links oder rechts liegen, falls die Kette am Umwerfer schaben sollte und dies nicht durch Tricksereien am (= gekonnten Umgang mit dem) Schalthebel abgestellt werden kann.

Was ist das Ergebnis? Von den vielen schönen Gängen bleiben nicht allzu viele übrig – nur etwa die Hälfte ist wirklich brauchbar. Wichtig ist, dass die für Sie brauchbaren Gänge dabei sind! Das Angebot an Kränzen ist nun ziemlich groß. Ob 11–21, 11–23, 12–21, 12–23, 13–23, 12–25, 13–25, 14–25, 12–26, 13–26, 12–27, 13–29, 11–25, 11–28, 12–29, wichtig ist, dass Sie für den Geschwindigkeitsbereich in ebenem Gelände, in dem Sie unterwegs sind, mit der Drehzahl Ihrer Wahl (und der dazu passenden Herzfrequenz!) immer um lediglich einen Zahn versetzt schalten können – also von 39–16 auf 39–17 und 39–15. So lassen sich zum Beispiel leichter Rücken- und Gegenwind ganz gut wegschalten.

Nun zum großen Blatt: Man muss sich schon klar machen, dass eine Übersetzung von 39/53 vorne und 12–23 oder gar 11–21 für den Geschwindigkeitsbereich gemacht ist, in dem der professionelle Spitzensportler dahinjagt (Tempo zwischen 40 und 70 km/h in ebenem bis leicht hügeligem Gelände!).

Für den Freizeitsportler wäre 52/13 (d. h. eine Übersetzung von 4 zu 1) als größter Gang – und die auch nur bergab – mehr als genug – wenn er denn konsequent nach Puls und Drehzahl fährt.

Bergseitig sieht es ein wenig anders aus; da werden die Ritzelabstände zunehmend (progressiv) größer. Ein Blick in die Entfaltungstabelle zeigt auch, warum: Die Schaltvorgänge werden sonst nicht mehr spürbar und bringen keine echte Entlastung. Sie erinnern sich an unsere Diskussion von Arbeit und Leistung?

Nicht die Übersetzung macht den Helden, sondern die Zeit, bis man oben ist – Lance fuhr jedenfalls leichte Übersetzungen. Was Sie wollen oder brauchen, müssen Sie selbst herausfinden – schließlich müssen Sie damit fahren und leben.

Einen Trick gibt es ja: Wer auf die Macho-Tour steht und »nur« zweifach fahren will und so einen supercoolen kleinen professionellen Kranz am Hinterrad präsentieren will, nimmt halt eine Kompaktkurbel mit 34/48 oder 36/50 und siehe da: 48/12 ist auch 4/1 – bingo!

3.3. Die Feinheiten der Einstellung für perfekte Bedienung

Wie sollen die Brems- und Schalthebel am Lenker positioniert sein? Da gibt es keine Regel, außer der, dass es passen muss.

Shimanos neue Zehnfach-STIs werden auf eine Weise montiert, die mit den alten Griffen als ästhetischer Stilbruch galt. Gemeinhin sollte sich ein Lineal, angelegt an die Vorderseite des Brems-/Schalthebels, in der Vertikalen befinden.

Beim Rennrad positioniert man die Bremsschaltgriffe der Seite nach immer gerade nach vorne – aber der Höhe nach? Wenn man die Wahl hat: Fährt man viel Unterlenker? Oder mehr auf den Griffen? Schwierig wird es oft für kleine Hände. Da ist es sinnvoll, den ergonomisch geformten Lenker etwas steiler zu stellen und den Bremsschaltgriff entsprechend weiter auf der vorderen engen Biegung nach unten zu schieben – schon wird die Griffweite etwas kürzer.

Der nächste Punkt ist der Bremshebel-Leerweg bis zum Druckpunkt: Zu wenig Leerweg führt leicht zu schleifenden Bremsen, zu viel unter Umständen zu mangelnder Bremsleistung – das sollte man nicht als ABS missbrauchen!

Die Ausrichtung der Hebel ist auch vom Fahrstil abhängig, als Basis dient aber die »Linealausrichtung«.

4. AUCH DIE TECHNIK HAT BEDÜRFNISSE

Das Motto lautet: Hochleistungstechnik braucht Zuwendung! Es ist ein Trugschluss, zu glauben, je hochwertiger die Komponenten, desto weniger Pflege sei nötig. Letztlich ist das abhängig von der Belastung – und damit ist nicht nur die Belastung durch Fahrer, abhängig von Gewicht und Kraft, gemeint und die Anzahl der zurückgelegten Kilometer, sondern auch das Profil der Belastung, abhängig von den Steigungen und Gefällestrecken, von der Beanspruchung durch die Unebenheiten der Strecke, ebenso Faktoren wie Nässe und Schmutz. Fahrten im Regen belasten besonders den Antrieb und, je nach Streckencharakter, die Bremsen. Belastung erzeugt Verschleiß. Es ist ein Irrglaube, dass es keinen Verschleiß geben dürfe – manche Arten des Verschleißes sind unabwendbar. Reifen verschleißen, Bremsbeläge und Felgenflanken verschleißen, Kette und Zahnräder verschleißen. Manche Formen des Verschleißes lassen sich durch den Fahrstil beeinflussen, andere durch Pflege.

Es scheint manche mit Stolz zu erfüllen, in möglichst kurzer Zeit möglichst viel Material zu »schrotten« – wer sich's leisten kann, bitte sehr. Richtiges Bremsen z. B. ist so ein Faktor – der einfachste Tipp heißt hier Finger weg von der hinteren Bremse. Gerade die dünnen Hinterreifen des Rennrades werden durch das Bremsen hinten oft mehr abgenutzt als durch das Fahren selbst. Wer bremst, verliert, heißt es so schön – und das stimmt vor allem in Bezug auf das Material. Laufen lassen, wenn es geht, heißt die Devise.

Ein anderer Punkt ist das »Angstbremsen«. Natürlich soll jeder nach seiner Façon glücklich werden, aber das ständige Bremsen, ohne den Belägen und den Felgen eine Pause zum Abkühlen zu gönnen, heizt diese überdurchschnittlich auf. Lieber einmal richtig bremsen als andauernd ein wenig.
Geplatzte Schläuche durch Überhitzung sind ebenso möglich wie Bremsenfading, d. h. ein oft extremes Nachlassen der Bremsleistung durch Überhitzung der Beläge. Die Beläge können zudem verglasen und sind dann reif für die Tonne.

Aber selbst der sanfteste Fahrstil lässt die Reifendecke immer dünner werden. Hier allerdings nach einem besonders verschleißfesten Produkt zu suchen, muss nicht der Königsweg sein. Verschleiß – das sei hier nochmals betont – ist die conditio sine qua non für den Grip. Und leicht heißt nun mal weniger Gummi ... Michelin hat mit dem »Carbon«-Reifen dem Verschleiß ein kleines Schnippchen geschlagen.

Durch die Einbettung von Carbonfasern in die Lauffläche konnte dies ohne Einbußen bei der Haftfähigkeit verwirklicht werden.

Der andere typische Verschleißgegenstand ist die Antriebskette: Hier kann richtige Pflege wahre Wunder wirken. Aber wer hier gerne geizig ist, spart an der falschen Stelle – eine zu lang genutzte Kette zerstört Zahnkranz und Kettenblätter.

Egal, ob es walkt, gleitet, biegt, dehnt, reibt, schlägt, schmirgelt, rollt oder was auch immer: Generell kann man sagen, dass alles, was sich bewegt, einer Belastung unterliegt, die auf Dauer Abnutzung verursacht. Rahmen, Lenker und Vorbau biegen sich durch, Speichen dehnen sich, Reifen und Schlauch walken, Naben rollen, Bowdenzüge gleiten und dehnen, Lagerstellen rollen und stoßen usw. Genau genommen ist so ein Fahrrad eine Ansammlung von Verschleißteilen, deren Hinschwinden man als Preis für das Vergnügen des Radfahrens in Kauf nehmen muss.

Im Folgenden wollen wir uns um die notwendige Ausrüstung kümmern und danach die einzelnen Komponenten genauer betrachten und Tipps für Wartung und Pflege geben. Bei allen Formen der Montage sollten neben dem korrekten Werkzeug auch die entsprechenden Bedienungsanleitungen für die jeweiligen Komponenten vorliegen. Nicht immer werden beim Kauf diese eigentlich sehr wichtigen und meist durch das Gewährleistungs- und Produkthaftungsrecht geforderten Unterlagen mit übergeben. Jedoch kann man hier Abhilfe schaffen: Im Internet findet man auf den Homepages der Hersteller bzw. Importeure in der Regel solche Unterlagen zum kostenlosen Download bzw. Ausdruck.

4.1. Von Werkzeugen, Pflegemitteln und Ersatzteilen

Ebenso wichtig wie die notwendigen Kenntnisse ist die richtige Ausrüstung mit Werkzeugen und Pflegemitteln. Wir wollen im Folgenden kurz die dazu notwendige Ausstattung aufzählen: Zunächst eine sinnvolle Minimalausstattung für unterwegs, und dann die gehobene für die Montage zu Hause.

Nicht vergessen wollen wir auch, dass es einen sinnvollen Ersatzteilfundus gibt, auf den man jederzeit zurückgreifen kann, ohne erst zum Händler marschieren zu müssen. Vor allem im Urlaub oder am Wochenende rächt sich mangelnde Ausstattung!

4.1.1. Die Minimalausstattung für unterwegs

Das ist die Ausstattung, die man auf Tour dabei haben sollte, und mit der man die häufigsten kleinen Pannen, die erfahrungsgemäß auftreten können, beheben kann – und oft auch ein wenig mehr:

- Minitool (mit Kettennieter und den gängigen Inbusschlüsseln)
- Reifenheber (mindestens zwei!)
- Schlauch (leicht mit langem Ventil) bzw. ein Ersatzreifen (Schlauchreifen, falls nötig mit installierter Ventilverlängerung!)
- Reifenklebeband doppelseitig bei der Nutzung von Schlauchreifen (oder ein mit Kittbett vorbereiteter Schlauchreifen)
- Schnellflicken (ein Muss für eine weitere Panne oder für Risse in der Karkasse)

Das sollte nicht fehlen! Bei Schlauchreifennutzung gegebenenfalls auch ein kompletter Reifen.

- Luftpumpe (vorher zum Ventil passend einstellen und auch mal ausprobieren, denn gerade beim Rennrad braucht man ordentlich Druck, um richtig weiterfahren zu können!)
- Nietstifte/Powerlink (passend zur Kette, ebenso das SRAM-Powerlink-Verschlussglied für die Kette)
- Satteltasche oder Camelbak (es ist besser, alles immer gepackt zu lassen)
- Lappen und Erfrischungstuch zur Handreinigung
- Eventuell ein Fläschchen Schmiermittel für die Kette

4.1.2. Die große Ausstattung für zu Hause

Für den, der wirklich selber »schrauben« will und am Rad bis in die Baugruppen hinein alles selber machen möchte, schlagen wir folgende Ausstattung vor:

- Inbusschlüsselsatz (Winkel) mit Kugelkopf am langen Ende (zum Drehen »ums Eck«) sowie mit T-Griff (4, 5 und 6 mm), evtl. auch als Bits für Drehmomentschlüssel
- Torx-Schlüssel (T25 und T30), evtl. auch als Bits für Drehmomentschlüssel
- Diverse Schraubendreher (Schlitz und Kreuzschlitz), evtl. auch als Bits für Drehmomentschlüssel
- Drehmomentschlüssel, vor allem für niedrige Momente (0–20 Nm)
- Torkey mit fest eingestelltem Drehmoment
- Kettennieter (Campagnolo 10- und 11-fach Ketten nur mit Originalwerkzeug montieren, evtl. in Fachwerkstatt aufziehen lassen, da Werkzeug sehr teuer!)
- Kassettenabzieher (HG oder ED, seltener Freewheel-Abzieher für Schraubkränze)
- Kettenpeitsche zum Gegenhalten
- Kettenverschleißlehre (Rohloff) Campa 10-/11-fach Ketten werden mit Messschieber gemessen!
- Reifenmontierhebel
- Steuersatzschlüssel (für Eigner klassischer Steuersätze)
- Standpumpe mit Manometer für Rennventile
- Pedalschlüssel

- Kurbelabzieher (evtl. mit Adapter für Hollowtech I für Nutzer älterer Kurbelgarnituren)
- Innenlagerschlüssel, jeweils passend zum verwendeten Typ
- Innensechskantnuss 10 mm für Besitzer von Campa Ultratorque-Kurbeln
- Kettenblattschraubengegenhalter (wird auch für integrierte Abzieher benötigt)
- Piano-Drahtschneider oder Kabelschere
- Zangensatz (Spitzzange, Wasserpumpenzange)
- Franzose bzw. Knipex-Zangenschlüssel
- Diverse Gabel- und Ringschlüssel (je nach Bedarf)
- Hammer und Plastikhammer
- Scharfes Messer, robuste Schere
- Workstand
- Konusschlüssel (13–17 mm, passend zu den jeweiligen Naben – das ist schon sehr speziell)
- Nippelspanner (3,25 mm, seltener 3,4mm, und je nach Bedarf spezifisch von Mavic, Campagnolo, Shimano, Easton, SRAM, etc.)
- Zentrierständer und Zentrierlehre (für die ganz Engagierten!)

Inbusschlüssel von hoher Qualität.

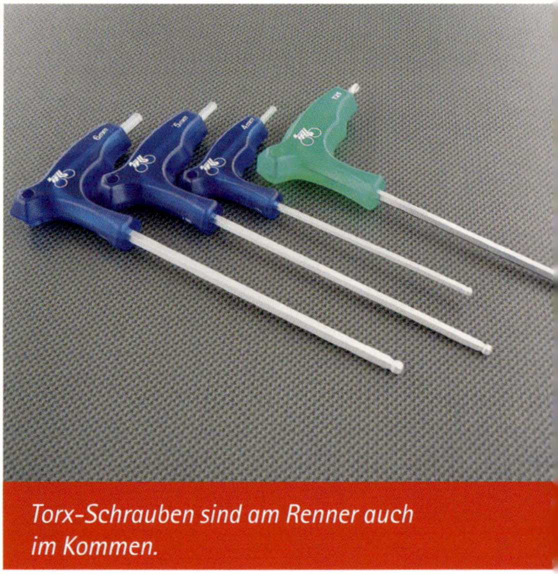

Torx-Schrauben sind am Renner auch im Kommen.

Torkey – Kleiner praktischer Begleiter fürs Trainingslager.

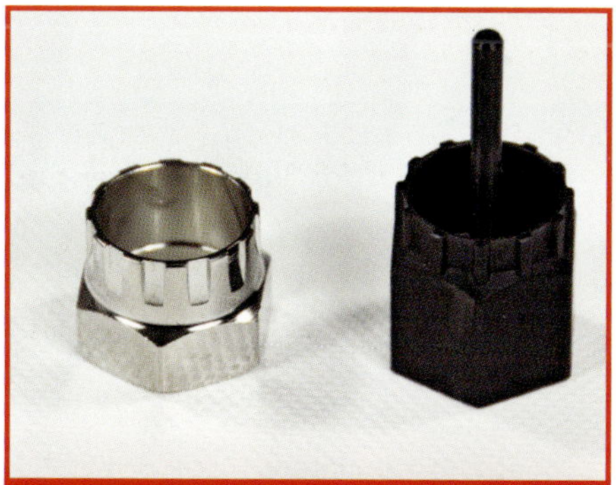

Kassettenabzieher mit Dorn gegen Abrutschen

Kettennieter mit tauschbaren Bolzen.

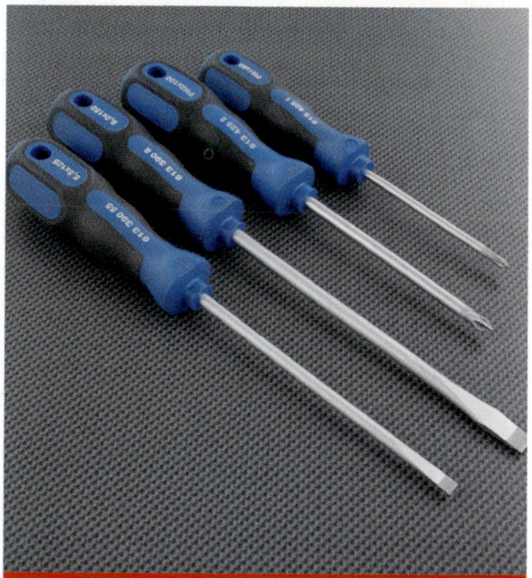

Hochwertiger Schraubendrehersatz mit Schlitz und Kreuzschlitz.

Der Syntace-Drehmomentschlüssel ist vergleichsweise günstig und hochpräzise – super!

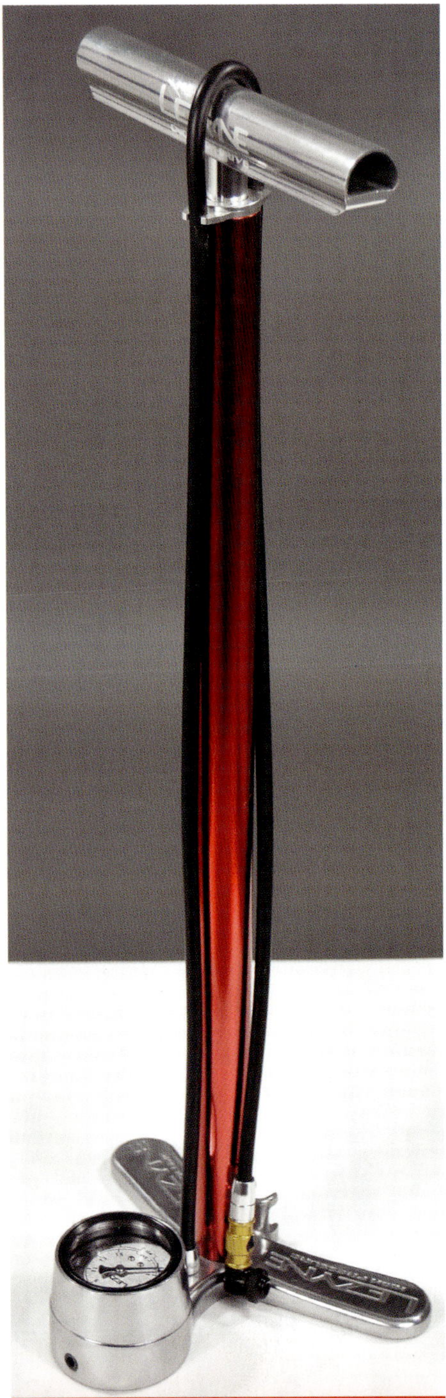

Ein Topmodell ganz aus Metall von Lezyne – bei der Standpumpe niemals sparen!

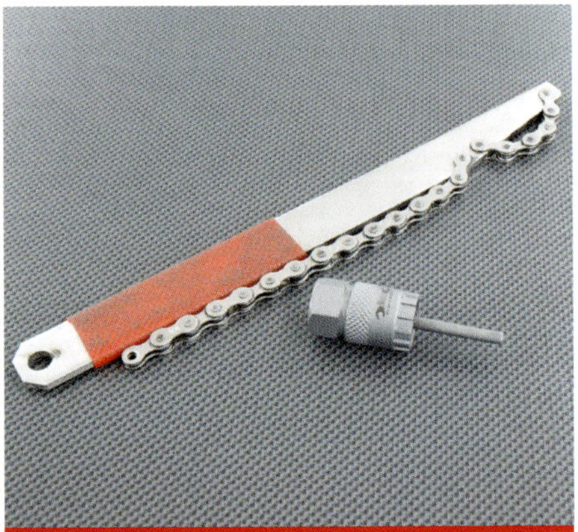

Kettenpeitsche zum Gegenhalten.

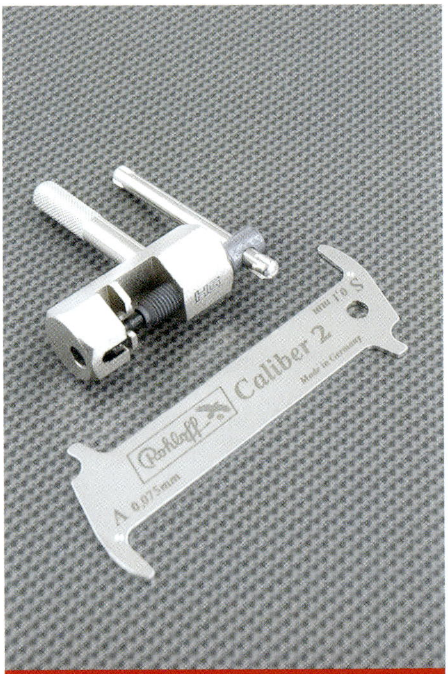

Neben dem Nietwerkzeug ist eine Kettenlehre unerlässlich. Schaltungsketten zeigen nach etwa 3000 bis 4000 km Verschleiß!

Reifenheber zum Demontieren – Rennreifen aufziehen besser nur mit der Hand!

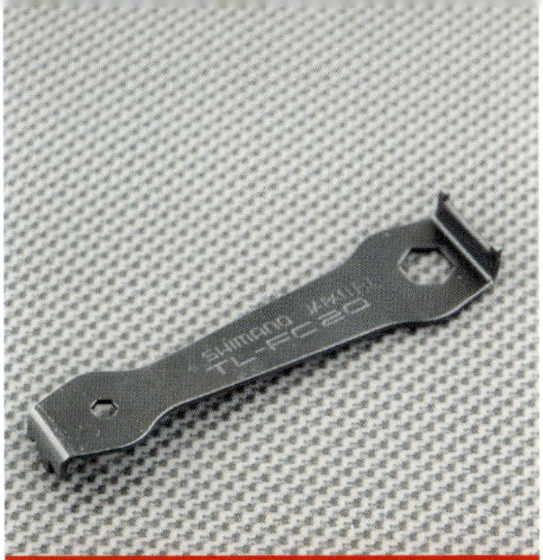

Kleines Teil, große Wirkung: Gegenhalter für Kettenblattschraubengegenhalter.

Steuersatzschlüssel werden dank AHeadset immer seltener benötigt.

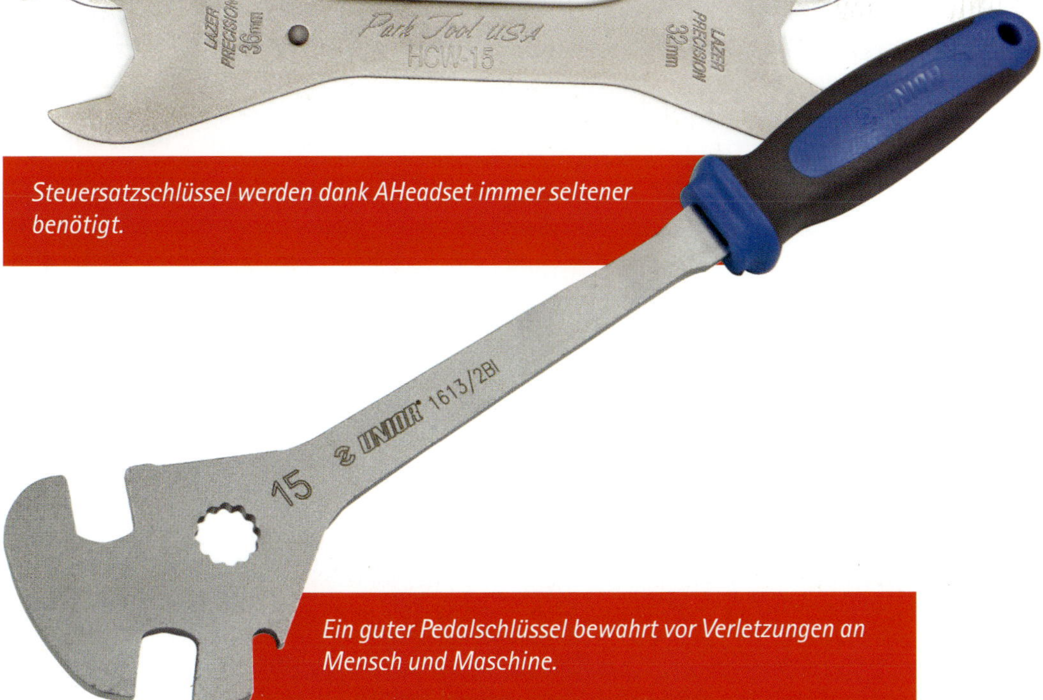

Ein guter Pedalschlüssel bewahrt vor Verletzungen an Mensch und Maschine.

Zangenset. Ein guter Seitenschneider ist das Wichtigste.

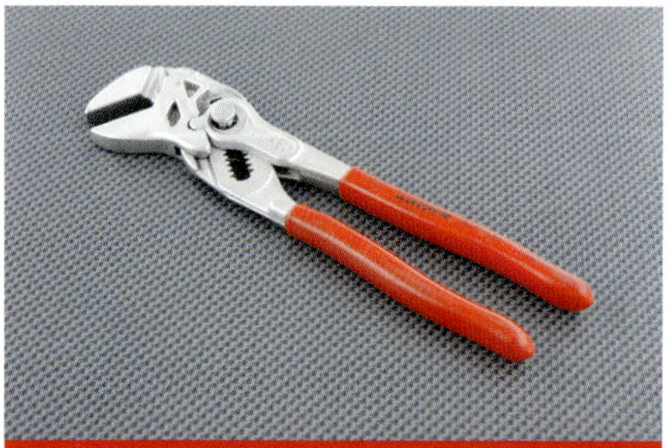

Vario-Zangenschlüssel – oftmals Helfer in der Not.

Hammerset – der Kunststoff-Schonhammer schont auch Nerven und Geldbeutel.

Gabel-Ringschlüsselsatz

Ohne 100 mm langen Innensechskant bleiben Campies auf der Strecke.

Auch scharfe Sachen sollten in der Werkstatt nicht fehlen.

Tretlager-Tool, hier für die neuen, außenliegenden Shimano-Lagerschalen.

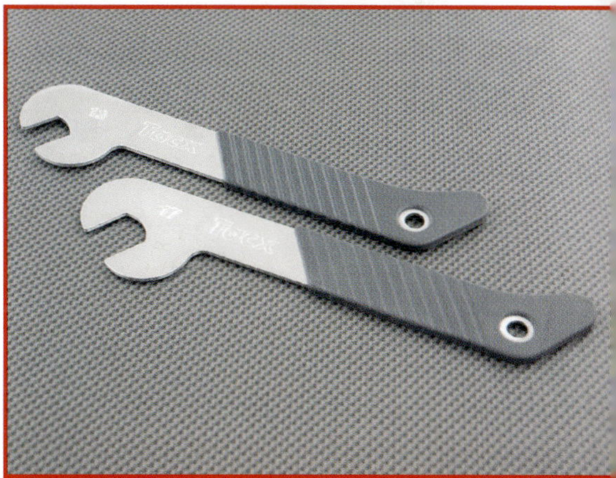

Flache Konusschlüssel für das Zerlegen und Einstellen von Naben sollten besonders hochwertig sein.

Kurbelabzieher mit oder ohne systemspezifischen Pin.

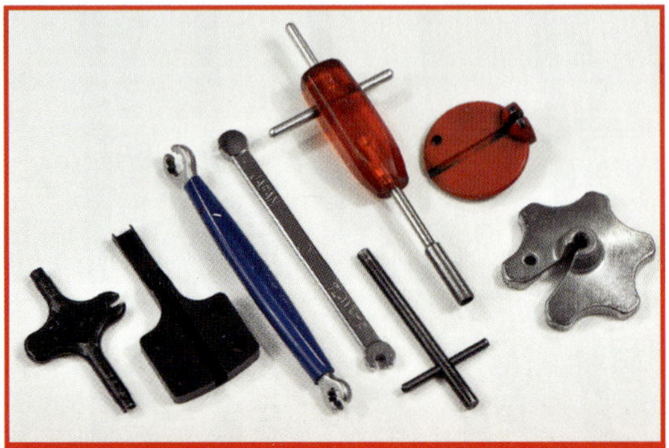

Speichennippelspanner – es gibt verschiedene Stärken und Profile.

Einen guten Workstand hat man ein Leben lang.

4.1.3. Pflegemittel

Über das Werkzeug hinaus stellen wir ein Sortiment von Pflegemitteln vor, das man zur fachmännischen Pflege des Rades vorrätig haben sollte:

- Kettenöl (nass, trocken)
- Entfetter
- Silikonöl
- Brunox
- Schmierfett mittlerer Konsistenz
- Shimano-Montagepaste (besser als Kupferpaste)
- Talkum
- Komplettreiniger fürs Rad
- Geschirrspülmittel
- Korrosions- bzw. Oberflächenschutzmittel wie Wachs oder Öl
- Lappen, Schwamm
- Reinigungsbürste(n)
- Kettenreinigungsbürste

Kettenöl oder Wachsschmiermittel? Das Öl nicht zu üppig einsetzen, das Wachs muss öfters angewendet werden – Anleitung beachten!

4.1.4.
Ersatzteile

Es gibt zudem ein paar Teile, deren Bevorratung bei einem Problem wenn der Fahrradladen schon geschlossen hat oder in weiter Ferne ist, sehr hilfreich und entspannend wirken kann:

- Reifen
- Schläuche (bzw. Reifenkitt bei Schlauchreifen)
- Kette mit Nietstift oder Powerlink/Connex-Link
- wechselbares Schaltauge
- Speiche(n) mit Nippel(n)
- Bowdenzugset für Schaltung und Bremse
- Bremsbeläge
- Ersatzbatterie(n) für Computer, Pulsmesser etc.
- Lenkerband
- Schrauben und andere Kleinteile

Nicht vergessen werden sollte, dass es sinnvoll ist, eine Werkbank mit Schraubstock und guter Beleuchtung nutzen zu können. Zweckmäßig sind auch solche Dinge wie Isolierband, Zweikomponentenkleber usw.

4.2.
Pflege und Wartung nach Baugruppen

Grundsätzlich orientieren wir uns an den Komponenten des Rades und gehen dementsprechend systematisch vor. Wichtig ist die Erinnerung an Dinge, die während der letzten Fahrt aufgefallen sind: Hat irgendein Teil Schwierigkeiten gemacht?

Davon abgesehen verlangen in Abhängigkeit von Belastungsdauer und Intensität die einzelnen Komponenten mehr oder weniger Aufmerksamkeit.

4.2.1.
Pre-Ride-Check

An den Anfang wollen wir aber den »Pre-Ride-Check« setzen. Egal, ob wir aus der Garage starten oder von einem Parkplatz, nachdem wir das Rad aus dem Auto genommen haben: Diese Überprüfung soll noch einmal sicherstellen, dass wir uns mit einem technisch korrekten und damit sicheren Sportgerät auf die Straße begeben.

- Laufräder: Schnellspanner fest?
- Bereifung: Luftdruck o.k.?
- Bremsen: Druckpunkt? Kabel ohne Schaden? Bremsbeläge o.k.?

- Steuersatz: Ohne Spiel?
- Sattel/Sattelstütze: Klemmung fest?
- Computer: Auf Null gestellt?
- Ausrüstung: Pannenwerkzeug am Mann?
- Versorgung: Trinkvorrat? Verpflegung? Mobiltelefon? Geld?

Übrigens, dass alle Schrauben mit dem vorgeschriebenen Drehmoment angezogen sind, sollte ein Punkt sein, der im Zyklus der Wartung immer wieder sichergestellt wird (Herstellervorgaben beachten!).

4.2.2. Die kleine Wartung nach der Fahrt

Die Reinigung erfolgt nach Bedarf – jedes Mal Waschen ist sicher nicht nötig. Aber wer sein Fahrrad liebt, darf sich auch hier mit dem Putzlappen vergnügen, bis dem letzten Stäubchen der Garaus gemacht ist.
Das Minimum umfasst Kette und Antrieb, evtl. auch die Kontrolle der Reifen auf Fremdkörper im Protektor – gerade kleine, scharfkantige Steinchen oder Glassplitter arbeiten sich langsam, aber sicher durch die Reifendecke und sorgen so für Reifenpannen.

Behandeln der Kette mit Kettenreiniger.

Abziehen mit Lappen.

Schmieren der Kette.

Die neuralgischen Stellen am Rennrad.

Grobe Verschmutzungen gehören natürlich sofort entfernt – wer zur Erntezeit unterwegs ist oder durch eine Baustelle fahren musste, weiß, dass sich die schnelle Reinigung lohnt.

Ein beliebter Verschmutzungsgag ist das Verkleben der Schaltseile in der Führung unter dem Tretlager durch Isostar, Apfelsaftschorle und Konsorten: »Ach, deswegen geht die Kette nicht mehr vom großen Blatt runter?«

Wichtig: Das Gedächtnis befragen – ist mir unterwegs etwas aufgefallen? Diese Dinge sollten sofort angegangen werden oder wenigstens rechtzeitig wieder auffindbar notiert werden.

Schaltwerksgelenke nicht vergessen.

4.2.3.
Die große Wartung

Eine gründliche Reinigung sollte in regelmäßigen Abständen stattfinden. Dabei fällt die Kontrolle der Komponenten leichter. Alle beweglichen Teile sollten mit entsprechenden Pflege- und Schmiermitteln behandelt werden.

- **Rahmen:**
  Sichtkontrolle auf Lackschäden und Rissbildung vor allem an den Schweißnähten oder Klebefugen; Ausfallende gerade/Risse an Ausfallenden?

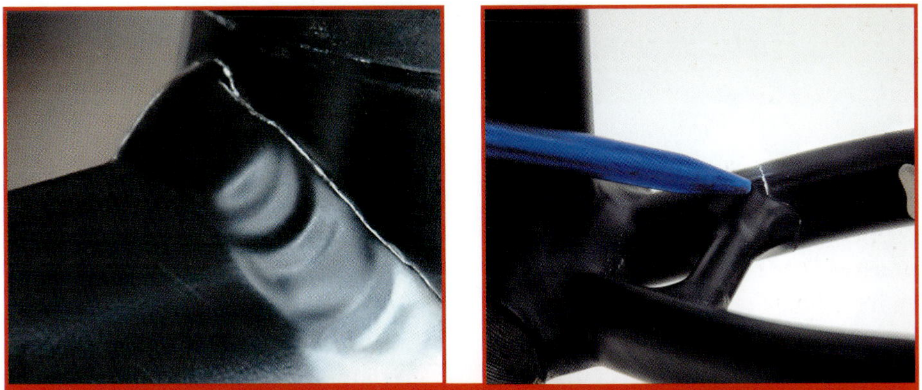

Rissbildungen an Schweißnähten.

Geplatzte Carbonverbindung an der Gabel.

Überprüfen der Speichenspannung.

- **Gabel:**
  Sichtkontrolle auf Risse oder Beschädigung der Lackierung.

- **Steuersatz:**
  Kontrolle des Lagerspiels, zerlegen und fetten.

Kontrolle des Steuersatzspiels: Vorderrad mit der Bremse halten!

- **Laufräder:**
  Speichenspannung zu gering? Einzelne Speichen lockerer als der Rest? Auf Rundlauf achten, Leichtgängigkeit der Lager an der Achse in ausgebautem Zustand überprüfen. An den Naben und Felgen auf Risse vor allem auf der Bremsflanke und an den Speichenlöchern achten!

- **Bereifung:**
  Kontrolle auf Fremdkörper, Verletzungen, Profil, Luftdruck, Druckabfall.

- **Brems-, Schaltgriffe:**
  Sauberkeit, Funktionskontrolle von Schalt- und Bremsvorgang.

Überalterter Reifen.

Bremsencheck

Aufgeplatzte Schaltzughülle.

- **Leitungen, Bowdenzüge:**
  Sichtkontrolle auf Knicke oder Verletzungen, Seile o.k. (nichts aufgeriffelt, vor allem an Nippeln und Klemmstellen?), ggf. abschmieren; Endkappen in den Kabelstops fetten (Geräuschquelle!); bei der Montage neuer Bowdenzüge möglichst gedichtete Endkappen verwenden.

- **Seilführungsplatte:**
  (unter dem Tretlagergehäuse) reinigen und schmieren.

- **Schaltwerk hinten:**
  gerade, leichtgängig, Rollen/Verschleiß der Zähne/leichtgängige Lagerung derselben; Schaltvorgang überprüfen, auf korrekte Flucht achten!

- **Schaltwerk vorne (Umwerfer):**
  Sichtkontrolle (verbogen?), Reinigung, mit Kriechöl schmieren, Schaltvorgang überprüfen.

Sichtkontrolle des Schaltwerks.

Sichtkontrolle des Umwerfers.

Prüfen des Innenlagers auf Leichtgängigkeit.

- **Innenlager:**
  fester Sitz, Lagerung spielfrei und leichtgängig (erkennt man am besten bei ausgehängter Kette, sollte sich ruck- und kratzfrei drehen lassen). Ultratorque-Kurbeln ca. alle 6000 km demontieren, Lagersitze reinigen und mit frischer Montagepaste neu einsetzen.

- **Zahnkranz:**
  reinigen, auf festen Sitz achten, Sichtkontrolle auf Verschleiß (z. B. verbogene oder ausgebrochene Zähne), bei Spider-Konstruktionen (auf Ritzelträgern vernietete Ritzel) Vernietung kontrollieren.

Kurbel festziehen

- **Kette:**
Überprüfung des Kettenverschleißes mit Hilfe einer Kettenmesslehre, bei Campa 10-/11-fach-Ketten mittels Messschieber (siehe Hersteller), Kontrolle der Vernietung (vor allem am Verschluss), reinigen, schmieren; auf feste Glieder achten (sieht man gut beim Rückwärtsdrehen der Kurbel. Abhilfe können Sie schaffen, indem Sie die Kette ein wenig hin- und herbiegen, manchmal sind auch Laschen verbogen, dann hilft nur ein Wechsel).

Schwergängiges Kettenglied.

Messen des Kettenverschleißes mit dem Rohloff-Caliber.

Kontrolle der Bremsbeläge.

- Beläge reinigen, Bremsflanken der Felge reinigen (Spezial-Radiergummi wie Mavic), Belageinstellung überprüfen und bei ungleichmäßigem Verschleiß ggf. korrigieren (s. 4.3., Einstellung der Bremse).

Mit dem Mavic-Felgenradiergummi wird die Felge wie neu.

Korrektes Drehmoment bringt Sicherheit!

- **Pedale:**
  fester Sitz, Klickmechanismus reinigen, schmieren, Pedalplatten (bzw. Cleats) auf Verschleiß prüfen (Sichtprüfung), Schrauben kontrollieren.

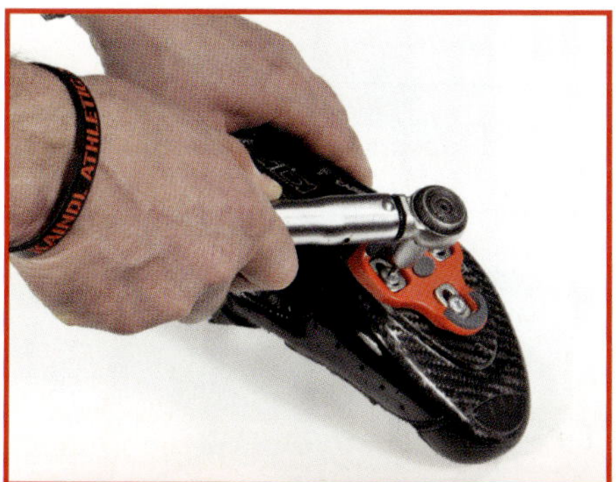

Kontrolle der Schrauben an der Lookplatte.

- **Vorbau:** Sichtkontrolle, Schrauben fest (Anzugsmomente)?
- **Lenker:** Kratzer, Risse, Knickstellen?

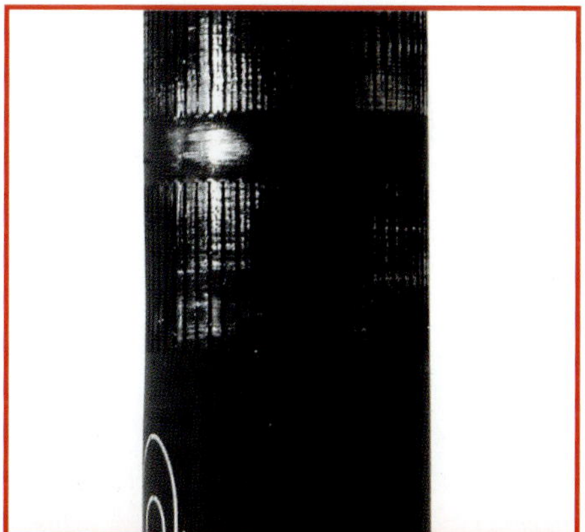

Lenker mit Kratzspuren: Das kann ins Auge gehen!

Lenkerband intakt?

- **Lenkerband:**
  Sauberkeit/Ordnung? Unverletzt?

- **Sattelstütze:**
  Klemmung fest, Rissbildung vor allem oben an der Sattelbefestigung?

Alle diese Baugruppen erfordern regelmäßige Sichtkontrollen und sachgerechte Wartung!

Rissbildung an Carbonsattelstütze durch unsachgemäße Klemmung.

Schaltwerk verbogen – irreparabel!

4.2.4. Sonderfall Sturz-/ Transportschaden

Stürze mit dem Rennrad sind eher selten, mit dem Mountainbike kommt das sicher wesentlich häufiger vor.

Im Falle eines Falles: Wenn der erste Schreck überstanden ist und »alle Knochen heil« festgestellt wurde, sollte man nicht sofort wieder in die Pedale treten, sondern einen kleinen Kurzcheck machen:

- Drehen sich die Räder frei?
- Steht der Lenker gerade? Hat sich der Bremsschalthebel verdreht?
- Ist die Bremse in Ordnung?
- Ist der Sattel gerade?
- Sind Schaltwerk und Ausfallende noch senkrecht?
- Hängen irgendwo Dreck oder Gras oder sonstige Fremdkörper in den Speichen, der Kette, im Schaltwerk oder Umwerfer?

Zum Geradestellen nicht einfach Gewalt anwenden, sondern mit dem Bordwerkzeug vorgehen!

Nach der Tour sollte eine genauere Untersuchung des Rades erfolgen. Dabei geht es uns in diesem Zusammenhang nicht so sehr um Lackkratzer oder Beulen am Rahmen. Gefährlicher sind strukturelle Schäden, zum Beispiel Risse bei einem Carbongabelschaft bzw. -rahmen (vgl. 4.4).

Unser Hauptaugenmerk sollten wir aber auf den Lenker legen: Dieser wird bei einem Sturz gerne verbogen – hier hilft nur der Austausch. Denn gerade an den Klemmstellen des Lenkers, also am Vorbau und an den Bremsgriffen, können sich Bruchstellen gebildet haben – und glauben Sie uns, es gibt kaum eine ekelhaftere Form des Sturzes als die in Folge eines brechenden Lenkers.

4.3. Montagetipps

Neue Komponenten sollen montiert werden? Oder das Rad soll zerlegt werden, um es mal wieder richtig auf Vordermann zu bringen? Sie wollen Geld sparen und lieber für neue Teile als für die Werkstatt ausgeben?

Bremsbeläge

Wechsel, Reinigung

Bei den höherwertigen Bremsen lassen sich die Beläge ohne Demontage des Bremsschuhes auswechseln. So was gibt es, wenn nicht vorhanden, auch als Nachrüstteil! Bei Belagwechsel auf saubere, vor allem fettfreie Finger achten, Felge mit Bremsenreiniger säubern.

Belagtausch von Cartridgebelägen: Erst die Schraube entfernen ...

... dann den Bremsbelag. Montage erfolgt umgekehrt!

Bremse

Einstellung

Bei der Erstmontage der Bremsen sind folgende Punkte zu beachten:

- Die Beläge sollen die Felge in Fahrtrichtung (vorne) zuerst berühren (»toe in«)
- In vertikaler Richtung werden die Beläge streng parallel zur Felge ausgerichtet.
- Die Beläge konzentrisch zur Felge am Felgenrand ausrichten, sodass sie auf der ganzen Fläche tragen und auf keinen Fall mit dem Reifen in Kontakt kommen.
- Bremshebelweg über die Seilklemmung einstellen, dabei die Spanneinrichtung an Bremse bzw. Ergopower in Betriebsstellung bringen.

Bremsbelag »toe in«

Bremsschuh parallel

Korrektes Ablängen des Gabelschaftes mit Sägevorrichtung …

… aber bitte nicht so!

Anreißen der Schaftlänge – von dieser Markierung zieht man noch 3 mm ab.

Wichtig: Schnittkanten sorgfältig entgraten!

Gabel

Schaft kürzen, Kralle montieren, Vorbau und Steuersatz montieren und einstellen.

- Vorbereitung (durch Hersteller oder Bikeshop): Lagersitze fräsen, Lagerschalen parallel einpressen, alles gut fetten (außer Carbonschaft!)
- Schaftlänge: der Gabelschaft soll ca. 3 mm unter der Vorbauoberkante enden (Spacer nicht vergessen!), zum Sägen nehme man ein handelsübliches Sägeblatt mit 24 Tpi.

Einschlagen der Kralle mit Spezialwerkzeug

- Die Kralle mit Montagegerät oder ersatzweise langer Schraube M 6 ins Schaftrohr einschlagen bis ca. 15 mm unter Schaftoberkante (Achtung: vgl. 4.4. Sonderfall Carbon – da nehmen wir unbedingt das mitgelieferte Spezialteil statt einer Kralle!)
- Lagerteile gemäß Einbauanleitung aufstecken, Spacer aufstecken, Vorbau aufstecken, Kappe mit Schraube montieren und Vorbau mit derselben gerade so fest ziehen, dass der Steuersatz kein Spiel hat, aber noch leicht läuft (siehe unten), dann den Vorbau am Gabelschaft fixieren.

Die Gabel muss nach der Einstellung des Steuersatzes noch leicht zur Seite drehen.

Innenlager Ein- und Ausbau

Rahmen mit Gewinde:

- Bei der Innenlagermontage wird das sauber geschnittene und plangefräste Tretlagergehäuse des Rahmens (im Fahrradfachgeschäft) reichlich mit Montagepaste (zur Not auch Kupferpaste oder Fett) versehen. ①
- Beide Lagerschalen werden von Hand ins Gewinde eingedreht, wobei auf die Drehrichtung (BSA: rechte Schale Links- / linke Schale Rechtsgewinde) zu achten ist. ②
- Die rechte Lagerschale wird fest angezogen (Drehmoment laut Herstellerangabe). ③
- Abschließend die linke Lagerschale entsprechend fest ziehen. ④

Innenlagergewinde im Rahmen fetten.

Lagerschale eindrehen von Hand.

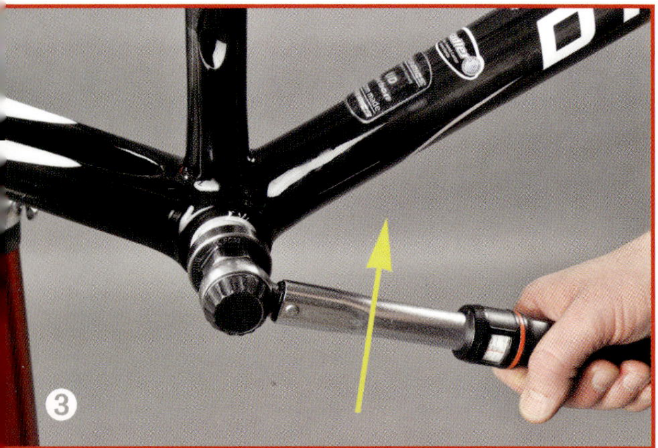

Festziehen der rechten Lagerschale.

Festziehen der linken Lagerschale.

Einpressen der Schalen mit Spezialwerkzeug.

Gewindeloser Rahmen:

Die Press-Fit-Schalen bzw. die Lager werden beidseitig in den Lagersitz eingepresst. Dies sollte man die Fachwerkstatt erledigen lassen, da die Anschaffung des benötigten Einpresstools sich für den Hobbyschrauber nicht rechnet.

Kette demontieren und montieren

Demontage:

Das Entfernen der Kette erfolgt mit dem Nietendrücker an einer beliebigen Nietstelle – nur nicht dort, wo bereits einmal vernietet worden ist!

Nietendrücker ansetzen.

Vertikales Fluchten der Schaltwerksröllchen.

Montage:

Die Kettenlänge für die neue Kette von der alten Kette übernehmen, wenn vorhanden, sonst Kette vorne aufs große Blatt auflegen und hinten aufs kleinste Ritzel: Die beiden Rollen am Schaltwerk müssen jetzt in der Senkrechten fluchten.

- Die Kette immer von der Innenlaschenseite her mit dem Nietendrücker ablängen, d. h. das Ende der Kette mit den Außenlaschen im Originalzustand belassen (Shimano und Campagnolo).
- Verschlussteile einfetten, vor allem die Bohrungen in den Innenlaschen!
- Bei Shimano-Ketten den passenden Verschlussstift (7-/8-fach oder 9fach oder 10fach) verwenden.
- Bei SRAM, Connex, Mavic, KMC o. ä. Masterlink verwenden.
- Bei Campagnolo genau gemäß Anleitung vorgehen bzw. die Kette vom Fachmann aufziehen lassen (sollte nur mit Originalwerkzeug montiert werden, die Anschaffung desselben ist sehr teuer)
- Verschlussstelle auf Leichtgängigkeit prüfen, ggf. durch seitliches Drücken leichtgängig machen.

1

Den Niet mit der Einführhilfe zuerst einsetzen.

2

Eindrücken des Nietes bis zum Einrasten – nur mit dem Kettennieter, nicht mit Hammer oder Zange!

3

Abbrechen des überstehenden Stifts.

4

Die Verwendung eines Powerlinks ist einfacher, da werkzeugfrei.

1 Achse einführen.

2 Mit dem Kunststoffhammer ansetzen.

3 Linke Kurbel manuell ansetzen.

4 Mit dem Einstelldeckel wird das Axialspiel justiert.

5 Linke Kurbel mit Drehmomentschlüssel festziehen.

Kurbel

Montage Hollowtech II

- Das Eindrehen der Lagereinheiten erfolgt wie oben beschrieben.
- Einstecken der Kurbel-/Achseinheit von rechts (Achse fetten!). ①
- Die Kurbel durch leichtes Klopfen mit dem Kunststoffhammer auf Anschlag bringen. ②
- Aufsetzen der linken Kurbel. ③
- Beseitigen des Axialspiels durch Festziehen mit dem Einstelldeckel. ④
- Befestigen der linken Kurbel – Anzugsmoment beachten!

Demontage

Zur Demontage in umgekehrter Reihenfolge: Kurbelachseinheit mit dem Kunststoffhammer austreiben.

Bei SRAM läuft es ähnlich ab – siehe Manual des Herstellers!

Montage Ultratorque

Beide Achshälften in die jeweiligen Lagerschalen einbringen (Federring auf linker Seite nicht verlieren!)

Nach dem standardmäßigen Eindrehen der Lagerschalen die Kurbeln einfach in die gefetteten Schalen drücken.

Die innenliegende Schraube mit Drehmoment von 42 bis 60 Nm festziehen.

- Verbindungsschraube (Montagepaste!) eindrehen und nach Herstellerangabe festziehen (min. 42 Nm)
- Sicherungsclip an der rechten Lagerschale in die zwei Bohrungen einrasten.

Die Halterklammer am besten mit einer Spitzzange in die vorgesehenen Löcher der Schale einrasten.

Lenkerband wickeln

- Am unteren Lenkerende beginnen, damit die Überlappung von oben kommt. ①

- Schräg versetzt wickeln, so dass sich das Band um ca. ein Drittel der Breite überlappt und der selbstklebende Teil am Lenker zu haften kommt. ②

- Der Bereich der Bremshebelschellen wird durch ein kurzes Stück Band (liegt in der Regel bei) abgedeckt.

- Den Abschluss des Bandes am Ende (kurz vor Beginn der Verdickung des Lenkers) im 90°-Winkel zum Lenker mit einer Schere abschneiden. ③

- Abschließend wird das Ende mit Isolierband fixiert. ④

Ansatz am Lenkerende.

Kritischer Punkt beim Wickeln.

Band mit der Schere abschneiden.

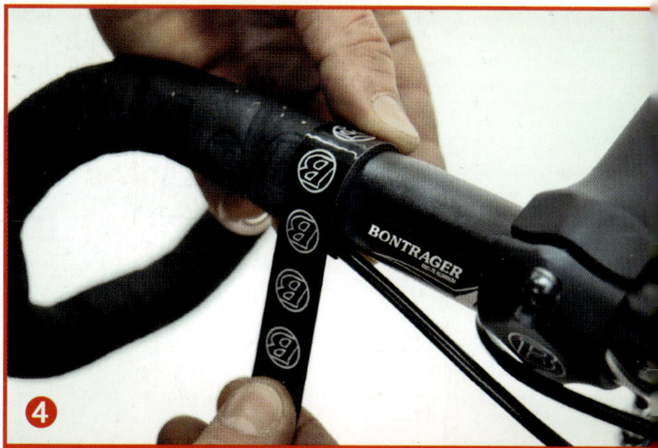

Geschafft!

Pedal

Zum Lösen und Festziehen der Pedale den Schraubenschlüssel stets so ansetzen, dass die gegenüberliegende Kurbel zum Gegenhalten genutzt werden kann. Bei der Montage die Gewinde unbedingt einfetten (Knacken, Korrosion)!

Rechtes Pedal zum Festziehen nach unten drücken.

Linkes Pedal zum Festziehen nach unten drücken.

Pedalplatten gut festziehen.

Ausrichten mit der Tischkante als Lehre.

Pedalplatten (bzw. Cleats)

Diese montiert man gemäß Herstelleranleitung. Manche Schuhe haben etwas dickere Sohlen, so dass die Schraubenlänge zur Montage der Cleats nicht ausreicht – zwar liefern die Schuhhersteller oft längere Schrauben mit, aber die fehlen gerne in der Packung. Auf keinen Fall zu kurze Schrauben montieren (drei bis vier Gewindegänge sollten es sein)! Abhilfe schafft der gut sortierte Bikeshop.

Herausnehmen des Hinterrades.

Radein- und -ausbau

Ausbau des Hinterrades:
Aufs kleinste Ritzel schalten, Schnellspanner lösen, Schaltwerk leicht nach hinten ziehen und das Rad durch einen leichten Schlag auf den Reifen nach unten aus dem Rahmen lösen. ①

Achtung: vorher die Bremse entspannen!

Schaltwerk zurückziehen.

Ausbau des Vorderrades:
Der Schnellspanner muss wegen der Sicherheitsnasen an der Gabel zusätzlich durch Lösen der Schnellspannermutter entspannt werden.

Einbau des Hinterrades:
Schaltwerk nach hinten ziehen und das kleinste Ritzel unter das obere Ketteneil positionieren. ②

Bremse in Betriebsstellung bringen.

Das Laufrad nach oben in die Ausfallenden ziehen. Dann das Laufrad fest in den Ausfallenden auf Anschlag setzen, so dass das Rad vertikal mit dem Rahmen fluchtet. Schnellspanner fest schließen. Achtung: Bremsentspanner wieder schließen! ③

Einbau des Vorderrades:
Das geht zum Glück leichter, weil ohne Kette. Trotzdem: Bremse spannen nicht vergessen!

Rad notzentrieren

Unterwegs wird das aus zwei Gründen nötig. Entweder man holt sich einen Achter (wie auch immer). Dann darf man ausnahmsweise mal was »übers Knie« biegen.

Beim Riss einer Speiche hilft dem, der keine Notspeiche dabei hat, nur ein Methode: die beiden Nachbarn der gerissenen Speiche maßvoll zu lösen.

Rad »notzentrieren«

Bei Speichenriss die nebenstehenden Speichen lösen.

Erste Hälfte aufziehen.

Ventil einführen.

Schlauch ansetzen.

Schlauch vollständig einlegen.

Gleichmäßig zum Ventil hin arbeiten!

Das letzte Stück ist die Herausforderung.

Reifen montieren/demontieren

Drahtreifen montieren:

- Die erste Reifenhälfte (d. h. einseitig) auf die Felge aufziehen. Tipp: Schlauch und Decke gut eintalkumieren. ①

- Ventil in die Ventilbohrung einführen. ②

- Schlauch leicht aufpumpen, um Falten und Knicke zu vermeiden. ③

- Schlauch vollständig in den Reifen einlegen. ④

- Gegenüber dem Ventil beginnend den Reifen über die Felgenflanke drücken, dabei immer darauf achten, dass der Schlauch nicht eingeklemmt wird! ⑤

- Reifen am Ventil – wenn irgend möglich ohne, wenn nötig vorsichtig mit Montierhebel – über das Felgenhorn heben. Tipp: Vor allem eine neue Reifendecke mehrmals ohne Schlauch montieren – da kann man ohne Gefahr mit Montierhebeln arbeiten und die Decke so geschmeidig machen! ⑥

- Ventil in die Felge drücken, sodass der Reifenwulst an der Ventilverdickung vorbei in den Felgensitz rutschen kann. Anschließend auf Betriebsdruck bringen – Rundlauf überprüfen! Bei hartnäckig unrundem Sitz mit Reifenmontagepaste nachhelfen.

Drahtreifen demontieren:

- Luft ablassen (Ventilmutter vorher lösen, sonst wird's später schwierig!), Reifen zusammendrücken und Montierhebel unter dem Reifenwulst ansetzen und diesen über das Felgenhorn heben – ggf. mit zweitem oder drittem Hebel arbeiten.

- Den Reifen einseitig rund herum von der Felge lösen, den Schlauch entnehmen – Ventil(-ansatz) nicht beschädigen!

Felgenband

Bei der Auswahl des Felgenbandes ist darauf zu achten, dass dieses aus stabilem Material besteht und das Felgenbett möglichst vollständig ausfüllt, um Beschädigungen des Schlauches durch die Speichenbohrungen oder den Felgenstoß zu vermeiden.

Ansetzen der Montierhebel bei der Demontage.

Schlauchreifen auf neuer Felge montieren:

- Vorbereitung: Am besten den neuen Reifen trocken zum Test auf die Felge aufziehen und auf Betriebsdruck bringen – eine Nacht stehen lassen, um zu sehen, ob der Reifen dicht ist. Bereits geklebte, undichte Reifen lassen sich kaum reklamieren!
- Felgenbett entfetten und trockenreiben.
- Felgenbett und Nahtschutzband der Reifen mit einer Schicht Reifenkitt bestreichen, austrocknen lassen.
- Eine zweite Schicht Kitt auf das Felgenbett und Nahtschutzband auftragen und ebenso trocknen lassen
- Felge mit einer dritten Schicht Kitt bestreichen, leicht antrocknen lassen und dann den Reifen am Ventil beginnend auf die Felge aufziehen.
- Reifen vollständig auf die Felge aufbringen und auf die Ausrichtung des Ventils achten.
- Den Reifen leicht aufpumpen und in Rundlauf bringen.

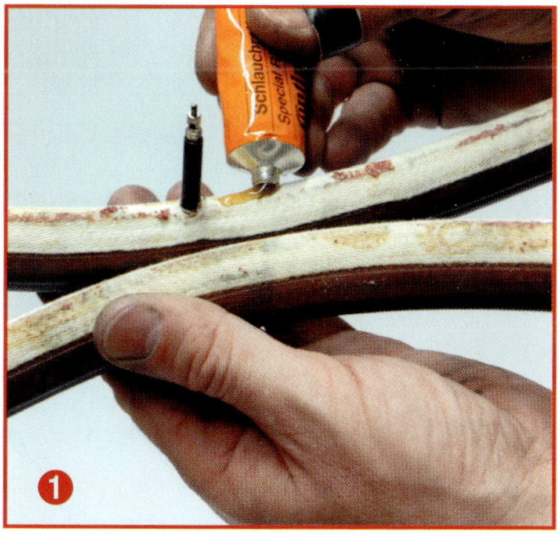

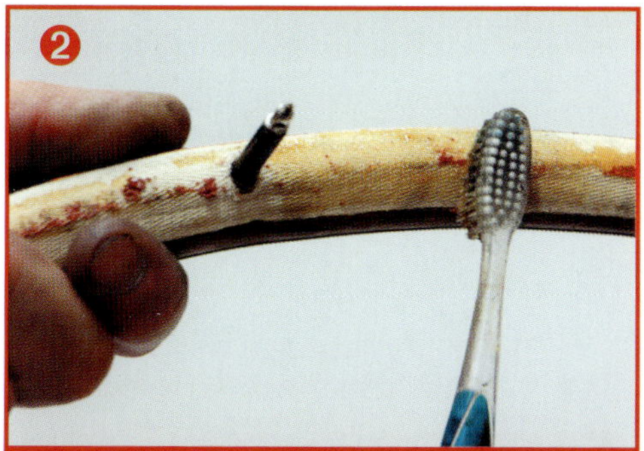

Auftragen von Kitt.

Schlauchreifen vom Ventil aus beginnend aufziehen.

Felgen einstreichen.

Reifen ausrichten.

- Den Schlauchreifen auf Betriebsdruck bringen und die Verklebung über Nacht aushärten lassen.

Schlauchreifen auf gebrauchter Felge montieren:

- Hier entfällt das Aufbringen der ersten und zweiten Schicht, da bereits ein Kittbett vorhanden ist. Allerdings werden Klumpen und Unregelmäßigkeiten entfernt. Weiteres Vorgehen siehe oben.

Einstellung des Schaltwerks

- Die Grundvoraussetzungen für eine funktionierende Schaltung sind ein gerades Ausfallende und intakte, leichtgängige Bowdenzüge. Zum Durchschalten wie beim Fahren die Kurbel und damit die Kette vorwärts drehen.

- Der Anschlagpunkt für das kleinste Ritzel wird mit der Einstellschraube »H« so eingestellt, dass die Kette senkrecht unter dem Ritzel fluchtet. ①

Das erste Ritzel fluchtet.

- Schalthebel so schalten, dass das Schaltseil komplett ausgegeben ist, dann das Schaltseil manuell auf Spannung bringen und mit der Klemmschraube am Schaltwerk befestigen. ②
- Dabei bitte darauf achten, dass das Seil genau in der vorgesehen Kerbe am Schaltwerk positioniert ist. ③

Seil festklemmen.

Seilkerbe.

Zweites Ritzel fluchtet.

Schraube für Endposition.

Im leichtesten Gang sollte ein kleiner Abstand von etwa 2-4 mm zwischen Leitrolle und Ritzel sein.

- Schalthebel eine Raste weiterschalten (dabei die Kurbel drehen, sodass die Kette schalten kann) und dann die Seilspannung an der Einstellschraube an Schaltwerk oder Schalthebel so justieren, dass die Kette aufs nächste Ritzel wechselt und senkrecht unter diesem fluchtet. ④

- Durchschalten bis ans andere Ende des Zahnkranzes und die Endposition unter dem größten Ritzel mit der Einstellschraube »L« einstellen. ⑤

- Kette vorne auf kleines Kettenblatt und hinten auf größtes Ritzel schalten. Dann die Kurbel rückwärts drehen. Nun die obere Schaltrolle mit der Einstellschraube »B« so knapp wie möglich ans Ritzel justieren, ohne dass sie dieses berührt. ⑥

Zwischen großem Kettenblatt und Umwerfer ca 1-2 mm Luft lassen.

Das äußere Leitblech des Werfers sollte mit dem Kettenblatt fluchten.

Einstellung des Umwerfers

- Den Umwerfer in der Höhe so anbringen, dass zwischen dem äußeren Kettenleitblech und dem großen Kettenblatt ca. 2 mm Distanz bleiben. ①
- Den Umwerfer durch Verdrehen am Sattelrohr so ausrichten, dass das äußere Kettenleitblech parallel zu den Kettenblättern steht. ②
- Kette hinten auf das größte Ritzel schalten und vorne auf das kleine Kettenblatt legen (natürlich auch den Umwerfer, der schwingt ohnehin von alleine nach innen) und die Umwerfereinstellschraube »L« so einstellen, dass das innere Kettenleitblech die Kette gerade nicht berührt. ③

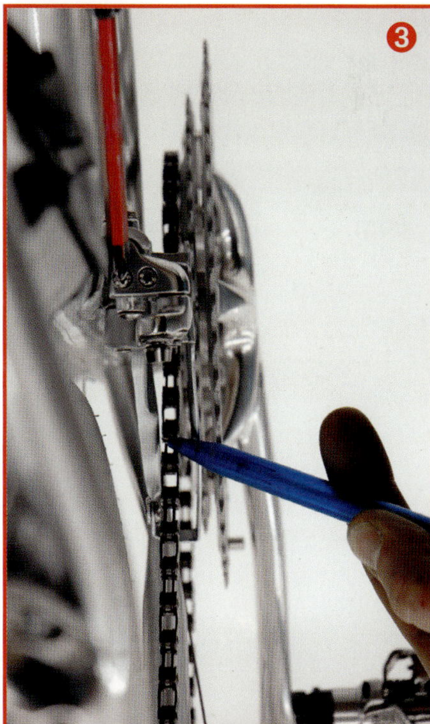

Innerer Anschlag: Abstand zur Kette etwa 1 mm.

Das Seil in der vorgesehene Kerbe klemmen.

Schwerster Gang – die Kette soll nicht schleifen.

- Schalthebel so schalten, dass das Schaltseil komplett ausgegeben ist, dann das Schaltseil manuell auf Spannung bringen und mit der Klemmschraube am Umwerfer befestigen (auch hier auf die Lage des Seils in der vorgegebenen Kerbe achten!). ④

- Kette hinten aufs kleinste Ritzel und vorne aufs große Blatt schalten, dann die äußere Begrenzung mit der Einstellschraube »H« so justieren, dass das äußere Kettenleitblech die Kette gerade nicht mehr berührt. ⑤

- Kette hinten aufs größte Ritzel und vorne aufs kleine (bzw. mittlere Kettenblatt bei 3-fach Kurbel) schalten, die Seilspannung an der Einstellschraube am Rahmen bzw. Schaltzug ⑥ so justieren, dass das innere Leitblech des Umwerfers die Kette gerade nicht berührt. ⑦
Durch mehrmaliges Rauf- und Runterschalten die Schaltung in allen Gängen probieren und feinjustieren.

Korrekte Seilspannung durch Drehen der Zugeinstell schraube mit Kontrolle am kleinen oder mittleren Kettenblatt.

Schrauben lösen.

Einstellung des Steuersatzes

- Vorbauschaftklemmung lösen. ①
- Lagerspiel durch Drehen der oberen Einstellschraube beseitigen und durch Ziehen der Vorderradbremse bei gleichzeitigem Vor- und Zurückdrücken des Lenkers kontrollieren. ②
- Vorbauschaftklemmung fixieren – Anzugsmoment beachten.
- Steuersatz auf Leichtgängigkeit prüfen (siehe Gabeleinbau). ③

Steuersatzspiel prüfen – spürt man am besten am Lagerspalt.

Leichtgängigkeit prüfen.

Auf gleichmäßigen Klemmspalt achten.

Vorbau, Lenker, Aerolenker, Spinaci

- Bei Vorbau/Spinacis/Zusatzlenker auf scharfe Kanten an den Kontaktstellen zu Lenker und Schaft prüfen, ggf. nacharbeiten. Anzugsmomente beachten (wichtig ist eine gleichmäßige Klemmung, oft genügt ein geringeres Anzugsmoment).

Gleiches gilt für Lenkeraufsätze.

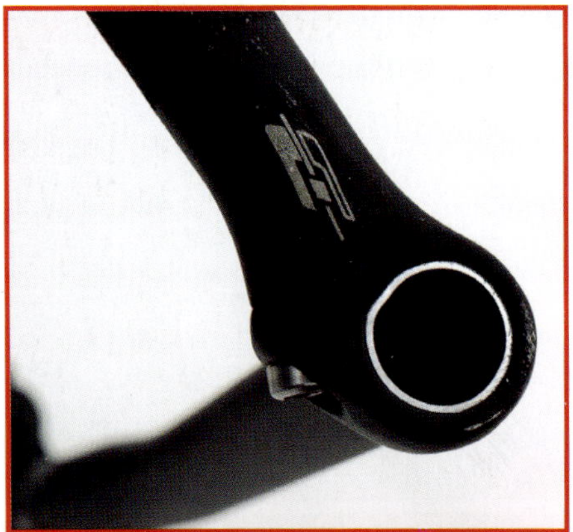

Durch zu festes Anziehen der Zusatzlenker gestauchter Lenker – Schrott!

Achtung: Spinacis werden auf dem dünnen Lenkerabschnitt montiert, dabei nicht durch zu festes Klemmen den Lenker beschädigen (Vorsicht bei Carbonlenkern – lieber mit dem Hersteller oder Importeur besprechen).

Zahnkranz lösen.

Zahnkranz festschrauben.

Zahnkranz

- Der Zahnkranz wird mittels einer Kettenpeitsche zum Gegenhalten und eines zum Zahnkranz passenden Abziehers gelöst (Verschlussring ist ein normales Rechtsgewinde).

- Zum Befestigen des Zahnkranzes benötigt man nur den Abzieher, da der Freilauf das Gegenhalten übernimmt.

Wichtig:
Den Zahnkranzkörper (Rotor) vor dem Aufsetzen des Zahnkranzes einfetten, um Korrosion und Geräuschbildung zu vermeiden. Den Kranz kann man prinzipiell nicht falsch montieren, da er nur in einer Position passt – vor allem beim kleinsten Ritzel drauf achten, dass die Verzahnung korrekt sitzt!

4.4. Carbon

Für alle Bauteile aus Kohlefaser gibt es hier noch gesonderte Hinweise. Carbon ist auf der einen Seite ein Wundermaterial, aber auch wenn die Crashs der F1-Boliden aus Funk und Fernsehen suggerieren, dass Bauteile aus Kohlefaser nahezu unzerstörbar sind, gilt es, bei der Montage ein paar Grundsätze zu beachten.

Was Kohlefaser nicht mag, sind hohe Punktlasten auf Druck. Das kann ein Grat an der Vorbauklemmung, eine unsauber gefertigte Sattelstützenklemmung oder eine scharfkantige Klemmung eines Zusatzlenkers sein. Oder eine Bordsteinkante ...

Bauteile aus Metall zeigen bei Überlastung eindeutige Merkmale: beginnende Rissbildung, plastische Verformung wie Knicke oder Falten. Derartige Hinweise liefert ein Carbonteil nicht.

Carbonrahmen sind unbedenklich – wenn nicht gerade ein extrem übler Sturz vorliegt, kann kaum etwas passieren. Nach einem Sturz sollte deshalb genau nachgesehen werden, ob irgendwelche Marken auf der Oberfläche (meist erscheint eine solche Stelle trübe bzw. zeigt Ansätze von Bruchspuren) auf eine Beschädigung hinweisen. Wer beim Ausweichen die Straße verlässt und im Straßengraben einen Überschlag baut, weil sich das Vorderrad im Graben einhakt, sollte Rahmen und Gabel mit besonderer Sorgfalt des Öfteren prüfen. Rennradgabeln sind nicht zuletzt seit der Einführung des 1 1/8"-Maßes und der durch Brüche und Tests gesteigerten Sensibilität unkritische Bauteile geworden. Trotzdem: Aufpassen mit dem Vorbau – er sollte nicht nur gratfrei und ohne scharfe Kanten sein, sondern schon ohne Schraubenkraft auf der Gabelschaftklemmung passgenau auf dem Schaftrohr sitzen (dann lässt sich auch eine große Bohrung nach vorne verschmerzen). Zudem sollte immer der zur Gabel passend mitgelieferte Einsatz zur Steuersatzeinstellung benutzt werden. Bloß keine Kralle einschlagen! Der Gabelkonus sollte nicht mit Gewalt aufgepresst werden – besser ist es, den Konus auf festen »Schiebesitz« aufzuweiten. Auf keinen Fall mit dem Fräser an der Gabel herumschnipseln! Bei Schwierigkeiten an dieser Stelle immer den Rat und die Hilfe einer vertrauenswürdigen Fachwerkstatt einholen!

Bei den immer mehr verbreiteten Lenkern aus der Wunderfaser wäre ein Versagen fatal – Hauptaugenmerk gilt hier den Klemmstellen von Vorbau und Brems-/Schaltgriffen. Für die Anzugsmomente heißt das: So sanft und so gleichmäßig wie möglich.

Das gilt für Sattelstützen gleichermaßen: Eine brechende Sattelstütze kann übelste Verletzungen verursachen. Glücklicherweise sind diese mittlerweile derart dimensioniert, dass solche Fälle der Vergangenheit angehören.

Auf keinen Fall darf man die Sattelstütze in einem Carbonrahmen fetten – und auch nicht die Carbonstütze in einem Metallrahmen! Bei Durchrutschern – wenn also die Stütze unter Belastung beim Fahren immer wieder langsam in den Rahmen rutscht, hilft mitunter Zahnpasta.

Zu guter Letzt ein Hinweis an schwergewichtige Fahrer (damit meinen wir Menschen oberhalb von 90 kg): Lassen Sie die Finger von Leichtbauteilen – wir gehen später noch drauf ein.

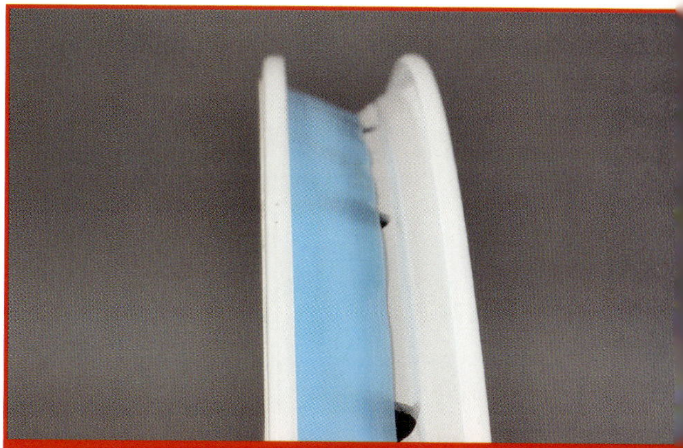
Unpassendes Felgenband.

4.5. Troubleshooting

Hier geht es um all die kleinen Ärgernisse, die einem das Radlerleben verleiden können. Geräusche oder Pannen, die einen immer wieder belästigen und die Freude am Rad fahren vermiesen. Oft bedarf es nur eines kurzen »Gewusst wies«, um die Sonne wieder scheinen zu lassen!

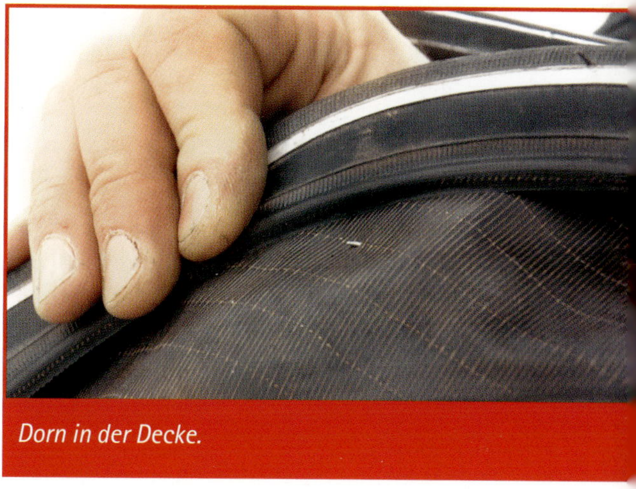
Dorn in der Decke.

Dauerplatten/Schleicher

- **Problem Nr. 1:** Das Felgenband ist zu schmal oder zu weich oder hat Risse oder Löcher, die erst bei hohem Luftdruck wirksam werden. Felgenband genau untersuchen und wechseln!

- **Problem Nr. 2:** Ein kleiner Fremdkörper steckt in der Reifendecke (Draht, Stachel, Glassplitter etc.)

Da hilft nur Suchen, am besten schauen, wo die Punktierung sitzt – unter Wasser, Luftblasen, und so den Ort besser eingrenzen.

- **Problem Nr. 3:** Auflösungserscheinungen der Karkasse reiben den Schlauch auf. Decke wechseln. Und als generellen Tipp: Vielleicht mal mit etwas mehr Reifendruck fahren.

Bremsenquietschen und -schaben:

- Felge reinigen (Metallradiergummi, z. B. von Mavic).
- Beläge reinigen (mit einer Feile).
- Evtl. eine andere Belagmischung auswählen.
- »Toe in« beachten, das heißt, die Beläge leicht pfeilförmig ausrichten (sofern die Belagträger dafür ausgelegt sind, ansonsten gibt es so etwas auch zum Nachrüsten im Nachrüstmarkt).
- Bremskörper auf festen Sitz prüfen.

Knacken aller Art – abhängig von der Fahrweise

- **Kurbel/Kurbelsitz locker:** Schrauben ganz raus, Gewinde und Kopf fetten, festziehen mit ca. 35 Nm; Kettenblattschrauben ausbauen, fetten und nach Einbau fest ziehen (Stahl ca. 6–7 Nm).
- **Kurbel mit Spiderarm** (demontierbarer Träger für die Kettenblätter): Spider demontieren, sämtliche Kontaktflächen mit »leichtem« Schraubenkleber benetzen, gut festziehen.
- **Innenlager:** Lagerschalen locker? Tretlagergehäuse unsauber geschnitten (Gewinde und Stirnflächen)? Gewinde fetten, beide Lagerschalen fast vollständig einschrauben, erst die Lagerschale mit Bund festziehen, dann Gegenseite.
- **Lenker, Vorbau:** Beim AHeadset fast ausgestorben, bei klassischem, gestecktem Vorbau den Vorbauschaft fetten.
- **Pedal:** Gewinde fetten, festen Sitz in der Kurbel kontrollieren (ca. 35 Nm).
- **Pedalplatten:** Auf Verschleiß prüfen, festen Sitz kontrollieren, ggf. auswechseln, evtl. mal mit Turnschuhen fahren und lauschen, ob das Geräusch weg ist, denn dann sind die Pedalplatten zu wechseln.
- **Rahmenknacken/-knarzen:** Kommt oft vom auswechselbaren Schaltauge. Da hilft nur: Abnehmen, reinigen, Kontaktflächen fetten, und dann gut festschrauben.
- **Bei Carbonrahmen:** Oft sind lockere Steuersatzschalen oder nicht richtig festgezogene Innenlager bzw. locker sitzende Pressfitschalen (einkleben) der Grund.
- **Im Steuersatz:** Oft sind nicht plane Steuerrohre oder lose sitzende Schalen oder der Gabelkonus die Ursache.

- **Sattelstütze, Sattel:**
Zunächst die Verschraubung prüfen, Gewinde fetten. Manchmal ist auch die überschüssige Sattelstützenlänge der Grund. Da hilft nur kürzen.

Spontanschalten

- Entsteht oft durch ein festes Kettenglied (siehe Kettenmontage). Ein Tipp zum Finden: In einen Gang mit geringer Spannung schalten – vorne klein, hinten Mitte bis klein – und die Kurbel rückwärts drehen. Das feste Glied fällt durch Ruckeln oder Hüpfen an den Umlenkrollen auf.

- Man kann versuchen, das Kettenglied wieder beweglich zu machen, indem man die Kette vorsichtig seitlich, also quer zur Laufrichtung biegt, bis der Bolzen wieder leicht dreht.

Kurbelwackeln

- Festziehen oder auswechseln. Ein ausgeschlagener Kurbelsitz im Aluminium verwandelt die Kurbel zu Schrott.

Speichen

- Geräusche in den Laufrädern rühren oft von lockeren Speichen her, da diese an den Kreuzungspunkten oder im Naben- und Felgensitz reiben und so Geräusche produzieren.

- Abhilfe: Speichenspannung korrigieren, evtl. Speichennippelsitz in der Felge mit Kriechöl behandeln.

Schaltauge richten

- Tipp für unterwegs: Wenn ein zweiter Radler greifbar ist, kann das Schaltauge mit der eingeschraubten

Ausrichten manuell.

Hinterachse eines zweiten Hinterrades (wenn dieses eine Achse mit Gewinde hat) ausgerichtet werden.

- Ansonsten das gesamte Schaltwerk mit den Händen umfassen und mit dem Schaltwerk das Schaltauge vorsichtig ausrichten. Vorsicht, das ist eine Notreparatur, um nach Hause fahren zu können! Das Teil gehört alsbald ausgewechselt!

Ausrichten mit dem Hinterrad.

Was scheppert da?

Schlaggeräusch bei Hindernissen

Sofortmaßnahmen

Wenn beim Überfahren von Hindernissen Schlaggeräusche auftreten, sofort anhalten und Folgendes überprüfen:

- Steuersatz – Lagerspiel? Gabelspiel?
- Nabenschnellspanner locker?
- Zahnkranzkassette locker?
- Nabenachse gebrochen?

Durch leichtes Anheben des Rades (abwechselnd vorne oder hinten) und Fallenlassen auf die vordere bzw. hintere Lauffläche (siehe Bild) aus 10 bis 20 cm Höhe kann man den Ort des Geräusches besser lokalisieren.

Viele dieser Tipps sollte man nicht erst im Notfall anzuwenden versuchen, sondern in einer ruhigen Stunde zu Hause einfach mal ausprobieren. Im Ernstfall macht das Lernen längst nicht so viel Spaß wie ein Erfolgserlebnis am heimischen Schraubstock – und wer hat das Buch schon »on tour« immer bei der Hand?

4.6. Mit dem Rad auf Reisen: Tipps für den Transport

Wie schön wäre es, könnte man jede Destination oder jedes Revier per Rad anreisen! Aber nein, das ist mit einem Augenzwinkern zu verstehen. Wohin mit all dem Gepäck? Man hat sich an den Komfort des Alltags gewöhnt, und den möchte man weder am Wochenende noch im Urlaub vermissen.

Und um von Norddeutschland in die Alpen zu kommen oder gar auf die Insel der Radler (Malle), wird es mit dem Rad schon ganz schön unkommod – abgesehen von den ganz Harten reisen wir dann doch lieber mit Auto, Bahn, Bus oder Flugzeug an.

4.6.1. Auto

Geht man mit dem Rad auf Reisen, empfiehlt sich sorgfältiges Verstauen. Man will ja nicht, dass etwas kaputt geht oder dass bei einer Vollbremsung oder gar einem Crash das Rad die Insassen des Wagens verletzt. Weiterhin soll der Verschmutzung des Wagens vorgebeugt werden.

In der Regel genügt es, die Laufräder auszubauen und in Taschen zu verstauen, um diese selbst wie auch das Rad vor Kratzern und ähnlichen leichten Schäden zu schützen.

Ein besonderes Augenmerk gilt der meist öligen Kette: Es gibt spezielle Halter, die die Kette so führen, dass sie nicht lose herumhängt und das Fahrzeuginnere beschmutzt. Darüber hinaus ist es sinnvoll, eine alte Decke (zum Einschlagen des Rades) und einen Putzlappen (kommt um die Kette) bereit zu halten. Wichtig: Aufs Schaltwerk achten, um weder dieses noch das Ausfallende zu verbiegen.

Und wenn man wieder auspackt, um das Rad fahrbereit zu machen, anschließend alle kritischen Punkte nochmals prüfen, so wie wir es beim Pre-Ride-Check (s. S. 154) vorschlagen. Dazu kommt ein provisorisches Durchschalten von ein paar Gängen, da die Kette oft nicht mehr so liegt wie vorher. Wer den Sattel samt Stütze entfernt hat, muss zusätzlich die richtige Sitzhöhe justieren.

4.6.2. Flugreise

Welches Behältnis sich der engagierte Radler auswählt, um sein geliebtes Rennrad auch bei Flugreisen in den sonnigen Süden unbeschadet zu transportieren, ist nicht zuletzt eine Kostenfrage. Wer je erlebt hat, wie auf Flugplätzen beim Umladen des Gepäcks mit demselben verfahren wird, legt auf jeden Fall Wert auf ein sicheres Behältnis.

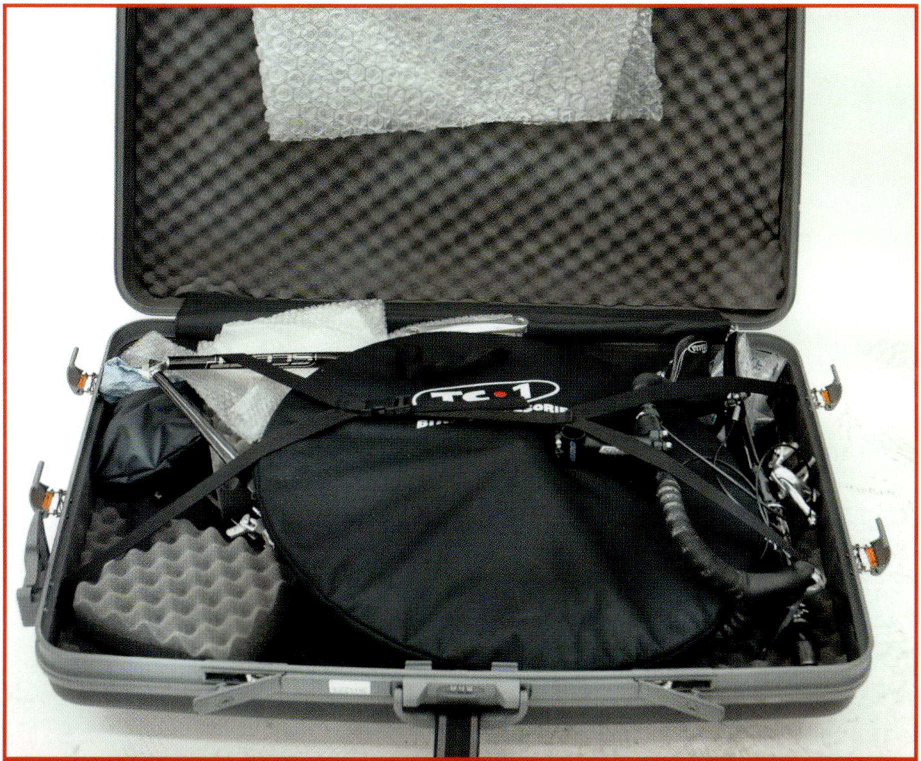

Sorgfalt und fester Halt zahlen sich beim Einpacken aus.

An erster Stelle steht der Transportkoffer. Brauchbare Koffer aus Kunststoff gibt es schon für weniger als 200 Euro in guter Qualität. Wenn der Koffer beschädigt wird, bleibt wenigstens das Rad heil (die Schäden am Koffer sofort bei der Airline reklamieren!).

Aber wie bringt man ein Rad in so einen Koffer hinein? Beim Rennrad ist selbst bei großen Rahmenhöhen nur die Demontage der Laufräder, der Pedale und des Sattels samt Stütze nötig; mitunter gilt es, den Lenker und den Vorbau zu verdrehen. Sinnvoll ist es, die Laufräder in Transporttaschen innerhalb des Koffers zu verstauen. Den Koffer selbst füttert man zudem mit all den Utensilien auf, die man ohnehin zum Radfahren mitführt, wie Helm, Schuhe, Trikots etc. – und natürlich den zur Montage notwendigen Werkzeugen.

Beim Auspacken und Fahrbereitmachen gilt das gleiche wie beim Auspacken aus dem Auto, nur sind hier die Arbeiten etwas umfangreicher: Auch Pedale, Lenker, Vorbau und Steuersatz müssen wieder passend und korrekt montiert werden.

5. DIE QUAL DER WAHL: SO FINDEN SIE IHR RAD

Abschließend wollen wir uns ein paar Gedanken zum Thema Radkauf machen. Welches Rad ist das richtige für mich? Was sind die Dinge, die wir brauchen? Den leichtesten Rahmen? Den steifsten? Die Teile mit den besten Testergebnissen (über die werden wir uns später noch ein wenig auslassen)? Oder nur das Beste vom Besten? Das freilich kostet viel, viel Geld.

Der Einsteiger wird es erst einmal mit einem preiswerten Exemplar von der Stange versuchen – und sehen, wie viel Spaß das Fahren auf zwei Rädern bringt. Profimaterial ist für Anfänger keineswegs unfahrbar – es auszureizen ist allerdings eine andere Sache. Und es erfordert einfach eine Menge Training, wenn man so etwas adäquat bewegen will – sonst hat man schnell den Ruf eines Posers weg. Wer mit einem Traumrad von Colnago mit einem 25er-Schnitt im Flachland spazieren rollt, wird nun mal belächelt.

Doch wie orientieren – wo Hilfe finden bei der Suche?

5.1. Zeitschriften, Tests, Geschäfte und andere Quellen der Hilfe

Was gibt es, abgesehen von der Lektüre dieses Buches, für Möglichkeiten, »objektive« Informationen zu finden als Hilfestellung bei der Qual der Wahl im Dschungel der fahrradtechnischen Möglichkeiten?

Da sind natürlich zunächst die Fachzeitschriften mit ihren Berichten und vor allem den Tests zu allen möglichen Themen, und dann die Fachhändler. Erstere sind gezwungen, jeden Monat ein neues Heft mit sensationellen News zu füllen und natürlich liest sich fast jeder Test so, als sei das Rad seit der letzten Nummer der betreffenden Zeitschrift wieder mal neu erfunden worden. Labile Typen sind deshalb immer wieder verunsichert und wollen das Rad, das sie vor sechs Wochen gekauft haben, im Überschwang der Gefühle, die sich beim Lesen des Tests einstellen, gegen die neueste Sensation eintauschen. Glauben Sie nicht? Das sind Erfahrungen aus der eigenen Praxis im Umgang mit Kunden ...

Und die Händler? Die wollen natürlich verkaufen, was im Laden steht, und nicht das, was in der Zeitung steht, und irgendwie haben sie ja auch recht, denn auch in den Shops steckt viel Erfahrung mit der Materie Rad. Und der Radhändler muss auch in drei, vier, fünf oder sechs Monaten noch zu seinem Wort, sprich zu seiner Empfehlung, stehen, während die Redakteure selten direkt mit ihren Texten der vergangenen Ausgaben konfrontiert werden.

In einer akuten Situation – der Kauf soll bald erledigt werden, denn man brennt aufs Fahren – mal schnell in die Zeitung zu schauen und dann schnell das richtige Rad finden zu wollen ist kein guter Weg. Die Zeitschriften regelmäßig lesen, vor allem wenn möglich verschiedene, und nach und nach die Urteilskraft wachsen lassen, auch im Vergleich dessen, was X heute und Y gestern und Z morgen schreibt – das ist der richtige Weg.

Fragen Sie Leute aus der Praxis, z. B. Radfahrer mit Erfahrung. Die haben oft schon Lehrgeld bezahlt und wissen auch, welchem Händler man trauen kann und welchem nicht.

Aber das ist ja so subjektiv! Da können wir uns ruhig noch mal auf den *Tour*-Test beziehen mit den »blindverkosteten« Rennern: Eine Quintessenz dieses Testberichtes ist es ja auch, dass die ganze Testerei eigentlich für die Katz ist – oder anders ausgedrückt, die »Diskussion um die Steifigkeit der Rahmen scheint damit obsolet« (*Tour* 6/2005, S. 42). Die Test-Fahrer konnten zwar Unterschiede in punkto Fahrverhalten konstatieren, nicht jedoch in Bezug auf Komfort und Steifigkeit. Also: »steif = gut« (das alte Lied, wogegen wir ja auch gar nicht anreden wollen), und der Komfort hängt ohnehin bloß von den verbauten Komponenten und vom Reifenluftdruck ab. Und im »Grenzbereich ist ein steifer Rahmen ohne Eigenleben eine echte Sicherheitsreserve« (*Tour*, a. a. O.). Was aber, bitte, ist beim Radfahren unter dem »Grenzbereich« zu verstehen? Grenzbereich – das bedeutet unseres Erachtens die Fahrt am Rande der physikalischen Möglichkeiten, als da wären extremes Kurvenfahren an der Haftgrenze, oder extrem hohe Geschwindigkeiten bei Abfahrten mit Bodenwellen, Kanaldeckeln oder ähnlichen Streckenfaktoren, oder gar ein Sprint von Zabelscher Vehemenz. Beim Rennrad – das ist unsere Meinung – stellt fast immer der Fahrer den Grenzbereich dar; professionelle Fahrer hat diese Diskussion nur selten interessiert.

Worum es uns geht: Die *Tour* hat sich massive Verdienste um die Verbesserung der Rahmensteifigkeit bei gleichzeitiger Senkung des Gewichts erworben – das zeigt auch den Einfluss eines solchen Magazins in einem Schlüsselmarkt wie Deutschland. Aber Komfort bei ausreichender Steifigkeit, so wie es der legendäre Ingenieur Smolik forderte: Wie bekommt man das in den Markt? Und wenn das nicht messbar ist, sind wir dann nicht am Ende des Testens angekommen? Ist der Wunsch nach Komfort ein bloßes Hirngespinst? Halt – wie ist das zum Beispiel bei Musikinstrumenten? Oder bei Stereoanlagen? Die klingen doch alle unterschiedlich – kann man das hören? Da wird auch »objektiv« herumgetestet mit technischen Daten, doch letzten Endes entscheidet nach wie vor eins: der Klang – und darauf wird nach wie vor am meisten Wert gelegt. Und das einzige Messinstrument, das dafür taugt, ist das menschliche Gehör, Modell Nr. 1.

Im Analogieschluss heißt das: Wenn heutzutage alles am Markt steif genug ist – und damit entfällt dieses Kriterium als Kaufgrundlage –, dann ist die Fahrbarkeit der entscheidende Punkt (analog zum Klang). Klar, wenn ein leichter Rahmen das genauso gut kann wie ein schwerer, dann ist dieser technisch höherwertig (also besser – ob allerdings die Blindtester das Gewicht im Fahrversuch identifizieren konnten, wird nicht erwähnt).

Vielleicht sollte man mehr Zeit und redaktionellen Platz darauf verwenden, wie die Fahrerei »rüberkommt«. Flattert das Ding mit einem erfahrenen Fahrer? Nein – steif genug, der Nächste bitte! Aber wie sind die Fahreigenschaften und der Fahrspaß? Und was definiert den Fahrspaß – oder anders gefragt, welche Fahreigenschaften sind für den Anfänger, und welche für den erfahrenen Tourero die erfreulicheren? Was tut das Rad überhaupt? In der »Testkurve x fühlt sich das Teil auch bei Tempo 70 trotz zweier Bodenwellen gut an – verschiedene Fahrer in verschiedenen Gewichten und Größen (und damit Rahmenhöhen) und mit unterschiedlicher Erfahrung konnten diesen Eindruck bestätigen.« So etwas würden wir viel lieber lesen. Sehen wir es positiv: Der Markt ist »steif« geworden dank der *Tour* – und jetzt wollen wir wissen, was uns ein Rad bietet außer den objektiven Messgrößen.

Und was sagen die Hersteller all der Wunderrahmen dazu? Sind die den Testern auf den Leim gegangen? Look, einstmals derjenige, der die Flagge des Rahmenkomforts hochhielt und weniger aufs Gewicht achtete – man denke an die legendären 386er oder 481er – hat jetzt mit dem 461er, dem 555er und 585er genau das getan, was die *Tour* fordert: superleicht, sehr steif. Und professionelle Fahrbarkeit – das wär's gewesen: diese zwei Konzepte mit in den Blindtest einzubauen! Insofern ist das »Leck der Geschichte« (*Tour*, 6/2005, S. 40) auch die Auswahl der getesteten Rahmen. Chinesenalu ist mehr als gut genug – oder was?
Was haben wir oben gesagt? »Aber das ist ja so subjektiv!« Ja, liebe Leserinnen und Leser, wenn Ihnen das Fahren mit Ihrem Rad Freude macht, dann haben Sie gewonnen – und das ist nun mal »subjektiv«.

Eine andere Informationsquelle sind Foren im Internet. Wir wollen hier keine

Namen nennen oder Webadressen auflisten, weil es sehr schwer ist, die Qualität derselben zu bewerten. Foren sind ein virtueller Ort, an dem sich an einem bestimmten Thema interessierte Menschen austauschen, und damit steht und fällt die Qualität der in den Foren getroffenen Aussagen mit dem Stand des Wissens der Teilnehmer.

Das bedeutet, Goldkörner sind genauso zu finden wie hanebüchener Unsinn. Die Frage ist nur: Wie beurteile ich das Ganze ohne Fachwissen? Und gerade weil dieses fehlt, gehen ja die Fragenden ins Forum. Was wir sagen wollen: Macht ruhig mit, aber genießt es mit Vorsicht!

Nichts ist jedoch besser als Beispiel geeignet, als den Stand der Dinge im aktuellen Fahrradmarkt darzustellen. Wir wollen das anhand einer knappen Hand voll Rennmaschinen tun. Die erste Auflage diese Buches stammt aus dem Jahre 2004/2005. Inzwischen sind sieben Jahre vergangen. Was hat sich getan auf dem Markt? Wir fragen: Was hat er gebracht in der Zwischenzeit – der technische Fortschritt?

Zuerst kommt ein hochwertiges Einsteigerrad, das zweite ist ein solider, feiner und hochwertiger Custom-Made-Renner, die dritten zwei High-End-Renner ohne Kompromisse.

Fangen wir mit dem Einsteigerrad an, dem Dynamics RSL Pro mit Shimanos 2x10 Ultegra-Ausstattung.

Dynamics RSL Pro – ausgestattet mit hervorragendem Preis-Leistungsverhältnis.

Da haben wir's schon: ein geslopter Alurahmen aus fernöstlicher Fertigung! Wie war das mit Dynamics? War das nicht so eine kleine Edelschmiede in der Nähe von Stuttgart? Richtig, aber nach einer wirtschaftlichen Bauchlandung landete der Name dieser Marke beim Stadler'schen Radimperium. Auf diese Weise wieder auferstanden, wird unter dem Label Dynamics eine kleine, aber feine Produktpalette angeboten, die vor allem bei Preis-Leistung einen Blick wert ist. Und wie wir Stadlers kennen, ist das Ende der Entwicklung noch lange nicht in Sicht.

Zum Rad selber: Sieht ganz gut aus, das Ding, der Rahmen mit seinen nahtlosen Rohrübergängen und dem aufwändigen triple-butted (dreifach konifizierten) Alurahmen. Das variierende Rohrdesign kommt von belastungsspezifischer Auslegung und verleiht dem geslopten Rahmen zudem eine dem Namen entsprechende Dynamik. Und eine ebenso dem Namen alle Ehre machende dynamisch ausgelegte Carbongabel ist natürlich auch dabei, selbstredend ist das Lenkkopflager perfekt integriert.

Weniger als 9 Kilo inklusive Pedale bei einer mittleren Rahmenhöhe für knapp 1199,- € sind eine Ansage!

Auch sonst findet das Auge des kritischen Kunden erstmal wenig zu mäkeln: komplette Ultegra 2x10-Gruppe mit Kompaktkurbel, also STIs, Schaltwerke, Bremsen, Zahnkranz, Kette und Kurbelsatz mit Innenlagern. Die FSA-Alu-Komponenten bei Vorbau, Lenker und Sattelstütze sind eigentlich in dieser Klasse nicht üblich.

Dazu ein schniekes Sättelchen von Selle Italia. Auch die Laufräder stammen aus der japanischen Schmiede: Das WH-RS-10 genannte Ensemble ist zwar eine Ebene tiefer einzustufen als die Ultegra, besticht aber durch »aufwendige Fertigung, attraktive Optik und ein sensationelles Preis-Leistungs-Verhältnis«.

Darauf aufgezogen sind nicht irgendwelche Billigreifen, sondern Continentals Grand Prix 4000s Reifen – mit das Beste, was derzeit zu bekommen ist. Ganz schön international! Was da noch aus Deutschland kommt? Der Name, natürlich, das Rahmendesign, die Optik, und wie so oft bei der Fahrradkonfektionierung das glückliche Händchen bei der Auswahl der Komponenten. Mal ganz ehrlich: Mehr Fahrrad braucht man eigentlich nicht – auch jemand, der mehr als 5000 km im Jahr herunterreißt, kann mit so etwas glücklich werden.

Die Zweifach-Kurbel im aktuellen Design hat jetzt die 34–50er Blattkombination und schaltet sich davon abgesehen einfach sensationell gut, auch unter leichter bis mittlerer Last. Über »triple« wird natürlich nach wie vor diskutiert – aber für Einsteiger ebenso wie für Umsteiger von Mountainbike oder Tourenrad ist Compact in den meisten Fällen die bessere Lösung, denn im Zusammenspiel mit einer 11–28er Kassettenkombination hinten ergibt sich eine überraschend große Bandbreite und macht das Rad auch gut bergtauglich, ohne auf Speedgänge zu verzichten. Die im Flachland heimischen »Nordlichter« werden das anders sehen, aber Dynamics ist eben im Süden beheimatet – fast in Sichtweite der Alpen.

Wer dreifach oder Standardübersetzung will, muss umrüsten – ein guter Händler macht das für einen geringen Aufpreis. An den Fahreigenschaften gibt es nichts zu meckern; stabil ist der Renner ohnehin, da gibt es kein Gewackel, auch auf den wüstesten Abfahrten nicht. Die Handlichkeit geht in Ordnung, allerdings ohne jene feinnervige Rassigkeit, die einen Profirenner à la Look oder Colnago auszeichnet, die die Erfahrenen zwar begeistert, die Anfänger und Umsteiger aber eher verunsichert. Insofern passt das gut zur Positionierung des Rades am Markt.

Bremsen und Felgen passen wunderbar zusammen – will heißen, sie packen ordentlich und gut dosierbar zu. Mit den neuen Belägen, wie sie seit Einführung der Zehnfach-Gruppen von Shimano verbaut werden, haben die Japaner endlich zum bisherigen Bremsenprimus Campagnolo aufgeschlossen.

Damit lässt sich wacker auch der brutalste Pass angehen, vorausgesetzt, es ist genügend Belagstärke verfügbar. Und bei den neuen Cartridge-Belagträgern ist der Wechsel ohnehin eine simple Sache.

Feinste Rohrübergänge am RSL Pro durch smooth-welding und Verschleifen.

Gute Carbongabel und allerbeste Reifenwahl – in dieser Preisklasse keine Selbstverständlichkeit

Als State of the Art-Hersteller hat Continental mit dem mehrfachen Testsieger 4000s eine starke Partie in der Hand: Die Reifen bieten exzellenten Pannenschutz, Grip ohne Ende bei einer mehr als akzeptablen Lebensdauer und sind in punkto Rollwiderstand selbst teureren Schlauchreifen überlegen!

Trotz des wirklich günstigen Preises findet man schon in dieser Klasse noch mehr feine Details: Die 3-D-Ausfallenden des Rahmens beispielsweise, die rundherum konsequente Ausstattung, die Carbongabel, ein Design, das wertig wirkt, und jede Menge Spaß beim Fahren. Für Außenstehende ist das ohnehin ein toller Renner, und die, die sich wirklich auskennen, staunen darüber, wie viel Qualität für wie wenig Geld erhältlich ist. Far East meets Europe – eine im wahrsten Sinne des Wortes preiswerte Kombination. Alles in allem eine runde Sache, das Dynamics RSL Pro! Letzten Endes ist das der Stand der Technik – wenn Sie sich so etwas anschaffen, sind Sie auf der sicheren Seite.

Natürlich ist es nie verkehrt, sich umzuhören. Aber viele Dinge, die der Radler hochhält, sind irrational – das hat mit Sympathie und Antipathie oft mehr zu tun als mit nüchterner Erkenntnis. Aber gebranntes Kind scheut bekanntlich das Feuer – wer z. B. einmal das Wagnis eines Reifenmarkenwechsels auf sich genommen hat und gleich bei der ersten Ausfahrt einen Platten hatte, will mit dem neuen Produkt ziemlich sicher nichts mehr zu tun haben. Also: Versuchen Sie, sich die Erfahrungen von Fahrern, die Sie on tour oder beim Trainingstermin treffen, zunutze zu machen, aber tun Sie dies mit Bedacht – wie bei der Fachpresse auch. Schauen Sie, wer womit wie unterwegs ist. Dabei kommt dann aller Erfahrung nach heraus, dass die guten Räder die sind, die von den guten Radlern gefahren werden.

5.2. Custom-made und Tuning

Nach dem ersten Rad von der Stange – meist die sinnvollste Lösung zum Einstieg – und mit entsprechend viel Erfahrungen (ohne Training geht da nichts: Blut, Schweiß und Tränen fließen mitunter reichlich) kann sich der Bazillus tief und fest eingenistet haben.

Dann wird das Ego sagen, zu meinen mit Schweiß und Mühen erworbenen Fähigkeiten gehört auch ein besseres Rad! Dazu kommt: Natürlich wünschen sich viele Radler Individualität – es soll etwas Besonderes sein, und wenn es nur ein tolles Teil ist, wodurch sich das eigene Rad von den Konfektionsexemplaren unterscheidet.

»Custom-made« heißt die Zauberformel – das Rad aus dem Wunschbaukasten. Wer genügend Geld locker machen will, soll damit glücklich werden – bei Rädern unter 1500 Euro ist das allerdings oft Augenwischerei, da sind die Serienräder die bessere, weil preiswürdigere Alternative.

Aber ein Rad haben, das nur für Sie gemacht ist, ein Einzelstück, das hat schon was! Und schließlich darf sich der stolze Besitzer ein wenig als Mitkonstrukteur fühlen – das zeigt Stil, Geschmack und Fachkenntnis. Trotzdem: Es ist auch hier gut, auf den Rat des Händlers zu hören – der hat in der Regel reichlich Erfahrung im Zusammenstellen von Rädern und kann zumindest wertvolle Tipps geben, wenn nicht gar teure Schnitzer vermeiden helfen. Aber auch da spielen Vorlieben oder Lieferverträge eine Rolle – der eine will eben diesen Rahmen verkaufen, der andere jene Lenker-Vorbau-Combo, und beide vor allem das, was sie im Laden vorrätig haben. Das muss kein Nachteil sein – schließlich kommt der Kunde wieder und soll zufrieden sein. Insofern hat jeder gute Radladen die Funktion eines kleinen Sektenstifters – und eine mehr oder weniger gläubige und treue Gemeinde.

Im Folgenden wollen wir ein typisches, wenn auch etwas unkonventionelles Custom-made-Rad vorstellen, basierend auf dem Look KG 555-Rahmen, ausgerüstet mit einer Campagnolo-Ausstattung.

Dieses Beispiel, also das vorgestellte Rad, hat jetzt schon ein paar Jahre auf dem Buckel, aber wir wollen schon klarstellen, dass die Spitzentechnik von vor sieben Jahren immer noch »spitze« ist.

Man muss weder den Sirenengesängen der Zeitschriften noch des Handels unbedingten Glauben schenken, dass jedes Jahr alles, aber auch wirklich alles neu erfunden wird und die Teile von gestern auch wirklich von »gestern« sind.

Seit den legendären Tourerfolgen von Bernard Hinault und Greg LeMond ist der Name Look den Rennradfans ein Begriff – und sei es nur, weil damit das Clipless-Pedal seinen entscheidenden Durchbruch feiern konnte.

Aber auch die ersten Rahmen von Look fallen in jene Zeit, auch wenn es sich dabei zunächst um gelabelte Rahmen handelte – die Herstellung erfolgte bei TVT. Anfang der Neunziger nahm Look die Sache selber in die Hand und brachte – ähnlich wie Cannondale beim Aluminium – eigenwillig seine sehr speziellen Vorstellungen von der Rahmentechnik in den Markt ein.

Ob es um die inzwischen legendären Monocoques oder um die mit Alumuffen verklebten ebenso legendären 381 bzw. 481 geht – mit Look wurden unzählige Erfolge erzielt, auf der Straße wie auch auf der Bahn.

Look verweigerte sich lange Zeit dem konstruktiven Mainstream und baute – immer nach der Maßgabe exzellenter professioneller Rennfahrer wie Laurent Jalabert – »nur« relativ leichte und relativ steife Rahmen, die jenen oben diskutierten Komfort in Verbindung mit guten Rolleigenschaften und superbem Handling suchten. In letzter Zeit hat sich Look jedoch entschlossen, auch in der Liga der Freunde von »superleicht« und »ganz schön steif« mitzuspielen (das Thema Sloping – bei Look heißt das »Compact Geometry« – ist ja schon fast ein alter Hut, auch bei Look), und dazu die Modelle 585 und 555 zu lancieren. Der 585 gehört wirklich in die Kategorie der allerleichtesten Rahmen und hat durch sein relativ konventionelles Diamant-Design ausreichend Flexibilität bewahrt, der etwas schwerere 555 bietet auch etwas schwergewichtigeren Freunden des Leichtbaus ausreichende Fahrsicherheit bei dem gewollt dynamischen Handling eines Profi-Renners. Die Unterschiede liegen dabei nicht nur in Details – die Rahmen ähneln sich nur auf den ersten Blick.

Look KG 555 Custom-Aufbau.

Integrierter Carbongabelkonus an der Look HSC 5 SL Vollcarbongabel.

Gemeinsam ist beiden allein die HSC 5 SL genannte Gabel – 295 g leicht (auch gemessen an heutigen Maßstäben zählt diese Gabel immer noch zu den allerbesten!), ultrastabil und schon damals mit einem besonders netten Detail ausgestattet: Das untere Lager des integrierten Steuersatzes sitzt direkt auf dem integrierten Carbonkonus – das spart ein Bauteil, Gewicht und entschärft das kritische Problem der abgewinkelten Passung und macht das Aufschlagen des Gabelkonus überflüssig.

Man könnte sich noch weiter in Details verlieren wie dem speziellen Monostay-Hinterbau, den Carbonmuffen, dem neuen Steuerrohr, der HM Carbon-Technologie etc., aber wir wollen beim Zweitleichtesten bleiben – und da der Rahmen der zweitleichteste in der Look'schen Palette ist, hat sich der Besitzer für die zweitbeste Combo aus Campagnolos Regal entschieden, die Chorus-Gruppe.

Chorus ist wie Record – genauso gut, ein wenig schwerer, wesentlich billiger – also tut's Chorus auch. Und mit dem gesparten Geld konnte der Traumrahmen angeschafft werden – getreu dem Credo: Der Rahmen macht das Rad! Eine kleine Abweichung aus dem Gruppenensemble ist der Record-Ergopower – den gab's grade günstig. Und beim Schaltwerk »nur« ein Aluteil – funktioniert genauso gut.

Zur Abstufung: Mit zweimal zehn Compact kann eine ganze Reihe von Übersetzungswünschen auf einen Streich befriedigt werden. Es gibt 34–25 für die steilen und langen Berge und 48–12 fürs hohe Tempo, und auch dazwischen ist immer (!) ein passender Gang zu finden. Die Kette läuft auch nicht allzu schräg. Und man muss nicht dreifach fahren ...

Eine kompakte Carbonkurbel – schwarz perlmuttartig schimmernd aus multidirektionalem Carbon – sollte es schon sein, dazu der passende Umwerfer mit großem Hubvermögen und Zweifachkulisse, wie ihn bisher nur Campagnolo anbietet. Als Kette wurde KMCs neue 10-Speed-Kette mit Linkverschluss gewählt – für konventionelle Anwendungen gut genug und ohne jene monströse Fummelei beim Öffnen und Wiederverschließen. Die Schaltung arbeitet passabel damit, und der Antriebsstrang läuft butterweich und leise.

Und weil der Besitzer überhaupt mitunter ein alter Querkopf ist, hat er, wenn schon der Rahmen Richtung Mainstream geht, ein paar unkonventionelle Teile verbauen lassen, als da sind: Schlauchreifen, Kompaktkurbel, handgespeichte Laufräder mit leichten, ultraflachen Felgen, 36-Loch-Naben! Wie so oft entsteht aus der Not eine Tugend: Die Reifen – Schwalbes Wunderreifen Stelvio Tubular – zeichnen sich durch geringes Gewicht, günstigen Rollwiderstand und guten Pannenschutz aus. Und dazu sind sie schlauchlos, d. h. Karkasse, Protektor und Schlauch werden in einem Arbeitsgang komplett vulkanisiert, was außer erhöhter Durchschlagfestigkeit und der wesentlich reduzierten Gefahr eines spontanen Reifenplatzens auch einen perfekten Rundlauf bedingt. Das ist eigentlich der Reifen für hochwertige Carbonlaufräder, die gerade in der Topkategorie in Mode sind!
Aber die Bremserei mit solchen Rädern ist nicht das Gelbe vom Ei, während solche gut rollenden, nur 340 g schweren Rundlinge wie Ambrosios Crono da weniger Probleme bereiten.

Allerdings sollten es bei mehr als 80 kg Fahrergewicht schon 36 Speichen sein und auf dem Hinterrad ein 25er-Reifen, um nicht allzu oft zum Zentrieren zu müssen, zumal mit der Revolution-Speiche von DT samt Alunippeln (vorne und hinten links) auch schön leichte, elastische Speichen verbaut werden sollten. Und weil wir gerade von »unkonventionell« sprachen: 36er-Naben darf man nicht radial speichen (Bruchgefahr!), und außerdem findet man das in den Systemlaufrädern en masse, also wurde vorne einfach, hinten links zweifach und hinten rechts dreifach gekreuzt.

So ist ein wunderbar schräger, extrem dynamischer, und zuverlässiger Laufradsatz entstanden – auch so etwas ist die Essenz der Custom-made-Idee! Ach ja, die Bremsen: Das sind so leichte No-Name-Teile aus dem Cannondale-Regal, in denen Shimanos neue Gummis mit den Felgen wunderbar harmonieren. Leicht, effektiv, preiswert. Punkt.

Die Anbauteile von Ritchey (Lenker, Vorbau) – aus der WCS-Serie – und die silberne Sattelstütze von U.S.E. bieten geringes Gewicht, gute Flexibilität und, korrekte Montage vorausgesetzt, Stabilität und Sicherheit. Was soll man zum Sattel sagen? Jeder Hintern braucht einen solchen, der zu ihm passt, damit das Fahren Freude macht. In dem Fall musste es eben etwas Breiteres sein. Aber da gibt es eine breite Flite-Version – passt!

Ein Wort noch zu den Pedalen: Shimanos SPD R sind nun wirklich ein kleiner Stilbruch, aber der Kollege liebt sie eben und kommt damit zurecht – auch das ist custom-made.

Zum Fahren: Action directe! In der Tat fährt sich das Rad extrem lebendig, egal ob beim Beschleunigen oder am Berg. Das Handling kann man nur als traumhaft bezeichnen. Ross und Reiter fallen mit der gedanklichen Realisierung des Kurvenwunsches spontan in jede gewünschte Schräglage und jeden gewünschten Kurvenradius, den sie dann spurtreu und ausreichend zielgenau umrunden, ohne dass Nervosität aufkommt – allerdings sollte man den Lenker ganz, ganz entspannt halten. Wer das Rad entlang der angepeilten Linie laufen lässt, anstatt es führen zu wollen, erlebt Fahrdynamik vom Feinsten.

Dabei ist es ganz egal, wie hoch das Tempo ist. Auch die Straßenbeschaffenheit ist ziemlich schnurz, solange der Fahrer dem Rad vertraut und locker und unverkrampft bleibt.
Noch ein paar Fakten: So ein Rad kostet um die 3.500 Euro und wiegt inklusive Pedalen, Flaschenhalter, Tacho, Luftpumpe (also fahrbereit!) nur 7,9 kg. Trotzdem, treten muss immer noch der Fahrer! Wie heißt es so schön: »Aus Freude am Fahren« und »Wer es nicht fühlt, der wird es nie erjagen«. Viele Radfans würden ja gerne, aber das Geld ist nicht vorhanden für diesen Zweck oder reut zumindest.

Vielleicht sollte man den Weg des Kai-Zen, der stückweisen Verbesserung, beschreiten, so wie es bei dem vorgestellten 555 in der Folge geschah: Look Carbon-Pedale (auch unkonventionelle Menschen denken mitunter um), die feinen skelettierten Bremsen der Chorus-Gruppe – beim Hinterradausbau kann die Luft im Reifen bleiben – und die zudem doch noch ein bisschen besser bremsen, vor allem in Kombination mit einem Satz Eurus mit Schwalbes Ultremo, die nun wirklich Radlers Traum darstellen: schnell, dynamisch, leicht, und so stabil beim Fahrverhalten, ohne die filigrane Lenkbarkeit zu beinträchtigen! Es ist eine verblüffende Erfahrung, was so ein Top-Laufrad ausmachen kann! (Nebenbei bemerkt sollte niemand glauben, eine einmal getroffene Entscheidung für ein bestimmtes Material müsse für immer und ewig die allein selig machende sein, selbst dann, wenn er Bücher schreibt ...)

Man kann anders ausgedrückt das vorhandene Rad tunen. »Auch das beste Fahrrad lässt sich noch schneller, schöner und leichter machen«, so untertitelte Tuning-Guru Hans Christian Smolik sein Buch »Fahrradtuning« aus dem Jahre 1990.

Das von Smolik betriebene Hardcore-Tuning mit Feile und Schleifleinen ist sicher mittlerweile ins Hintertreffen geraten, aber das Rad mit neuen, leichteren und besser funktionierenden Bauteilen Stück um Stück zu veredeln macht Spaß und lässt das eigene Prachtstück immer mehr ans Herz wachsen – und gibt so Freunden und Verwandten immer wieder aufs Neue die Chance, den Tagen, an denen Geschenke zu überreichen sind, mit Gelassenheit entgegenzusehen.

Dem Radverrückten kann man so allzeit eine neue Freude bereiten. Tuning kann unterschiedliche Zielsetzungen haben: Das Rad soll konsequenter, stimmiger, schöner, interessanter, technischer, leichter, belastbarer etc. werden. Wer beispielsweise mit einem Rad mit einem mittelprächtigen Rahmen und einer guten Ausstattung gestartet ist, kann sich mit einem neuen Rahmen entscheidend verbessern.

Aber auch der umgekehrte Fall kommt vor: einem Top-Rahmen, der nur »schlechter gelabelt« ist, kann man mit guten Komponenten endlich eine stimmige Peripherie verpassen.

Wie lange ist der Lenker schon drauf? Gerade nach dem Sturz gestern täte ein neuer schon Not – und den Vorbau werfen wir auch gleich raus. Natürlich müssen die Substitute die Altteile übertreffen! Oft ist das Tuning Ausdruck des gewachsenen Sachverstandes und des durch zunehmendes Training entwickelten Selbstverständnisses – es wächst sozusagen mit dem Fahrer. Und man hat immer was zu tun – auch für den Geldbeutel ist es schonender, immer wieder ein neues Teilchen zu kaufen als alles auf einmal. Und ab und zu soll ja auch mal was kaputt gehen oder verschleißen – als Tipp für den, der eine Ausrede für den »Finanzminister« braucht. Logischerweise kommt man, wenn man diesen Weg konsequent immer weiter geht, zu einem aus lauter »Wunderteilen« gefertigten persönlichen »Wunderrad«. Und natürlich werden auf den Messen immer wieder Kabinettstückchen vorgestellt, die die Grenzen des Machbaren repräsentieren sollen. Allerdings setzt es da hin und wieder aus, was die Fahrtauglichkeit betrifft – doch dazu ist so eine Rennmaschine ja da. Ein Lenker ohne Lenkerband? Nur ein Kettenblatt vorne? Für Fahrer über 70 kg Körpergewicht unbrauchbar? Ein Sattel, der nicht nur in einer Position bezogen auf die Neigung fahrbar ist? Ein Sattel, der, weil er oft nicht passt, das Fahren zur Qual macht? Reifen, die eigentlich für den Indoorsport gedacht sind und keinerlei Pannenschutz bieten? Wir dürfen eines nicht vergessen: Viele Rennmaschinen der gehobenen Klasse stellen bereits einen »ready to race«-Standard vor – und zwar passend für die Ansprüche im professionellen Spitzensport. Die Helden der Tour fahren auch kein besseres Material, zumal da immer noch das Gewichtslimit von 6,8 kg gilt – aber nicht für »uns« Hobby-Fitness-Sport-Technikverrückte-Marathon- oder sonst was -Radler.

Was aber möglich ist, wenn man nur auf die Extreme schaut, ohne zumindest ein paar kleine Einbußen in punkto Praxistauglichkeit hinnehmen zu müssen, wollen wir im Folgenden zeigen.

Damit kommen wir zum dritten Protagonisten. In den letzten Jahren haben viele Hersteller mit Rennradrahmen Furore gemacht, die bisher ihre Hausaufgaben (auch) mit ausgefallenen Mountainbike-Carbon-Kreationen gemacht haben – einigen mag beispielsweise das »Scott Endorphin«-Hardtail aus Kohlefaser mit relativ flexiblem Hinterbau noch in Erinnerung sein. Das ist nur ein kleines Mosaiksteinchen in der Entwicklung von Rennrädern mit unglaublichen Eigenschaften, die aus der MTB-Ecke kommen. Die trendsetzenden Hersteller heißen inzwischen Scott, Cannondale, Giant, auch Direktvertreiber Canyon und Co. Ja, Sie hören richtig! Und viele traditionelle Rennradhersteller haben die Zeichen der Zeit nicht rechtzeitig erkannt und laufen nun dem Fortschritt mehr oder weniger weit hinterher. Die jungen, frischen Ingenieure und oftmals auch Querdenker in den Entwicklungsabteilungen der Mountainbikehersteller haben einen gewaltigen Wind in die Rennradszene gebracht. Klar, es gibt auch noch die Cervelos und Pinarellos – übrigens einer der wenigen Italiener, die gut im Geschäft zu stehen scheinen – und die haben ja auch wirklich Schönes und Technisches zu bieten.

Jetzt sind wir auch schon bei unserem Custom-Traumrad in Schwarz. Zugegeben hat diese Optik ihren besonderen Reiz. Basis ist der Pinarello Dogma – ein Rad, das zeitweise in mehreren Profiteams gefahren wurde und wird.

Pinarello Dogma Customaufbau – Orgie aus Schwarz, Technik und Italoflair.

Italienisch geformt – mit Kurven – faszinierend und liebevoll lackiert in einem Wechsel aus Mattschwarz und Hochglanzschwarz und mit kleinen, feinen Details übersät.

Das Rad ist nicht nur bloße Technik zum Treten, sondern ein Ausdruck des Genusses! Aber hinter der schönen Fassade eines Dogma steckt auch handfeste, über Jahre gereifte Technik. Der Rahmen mag nicht zu den allerleichtesten am Markt gehören, doch für viele ist das auch nicht die primäre Eigenschaft eines Carbonboliden. Der Dogma ist besonders steif – im Tretlager und vor allem auch im Lenkkopfbereich. Das schlägt sich nicht nur im Wiegetritt nieder, wenn auch schwere und athletische Kraftmeier den Rahmen nicht aus der Ruhe bringen können, sondern insbesondere bei kurvigen Abfahrten und Highspeedpassagen. Unser schwarzes Kraftpaket, dem man seine Muskeln regelrecht ansieht, lenkt hochpräzise ohne Wackler und schnell in Kurven ein und wieder aus. Einmal in die richtige Richtung gesteuert, braucht es keine Korrektur mehr, es fährt wie auf Schienen und ist dabei keineswegs träge, sondern durch seinen hochstabilen Lenkkopf und die durchaus sportlichen Winkel sehr flink und dynamisch.

Passend dazu die »alten« Boras. Den Nimbus, zu den leichtesten Laufrädern zu gehören haben sie zwar schon abgegeben (etwa 1300 g der Satz, wohingegen die Lightweight-Konkurrenz knapp 300 g leichter ist), aber zum einen passen diese extrem zuverlässigen Traumlaufräder perfekt ins Gesamtbild, zum anderen sind sie den allermeisten Toplaufrädern aus Alu in Sachen Laufeigenschaften, Abrollgefühl und auch gefühlter Steifigkeit nach wie vor weit voraus – und auf der Geraden unglaublich schnell. Ein in der Praxis wirklich problemloses Produkt mit kontrollierbarem Bremsverhalten (was man nicht von allen Carbonlaufrädern sagen kann) und zeitloser Schönheit.

Es fehlt noch einiges, aber das ist auch in diesem Fall nicht mehr so ganz schwierig. Wir wollen sortenrein bleiben! Campagnolos 11-fach Super-Record-Gruppe ist nicht zuletzt wegen der ausgiebigen Verwendung von Kohlefaser und Titan eine adäquate Ergänzung. In den harten Materialschlachten der Tour de France entwickelt und ausgereift, funktional, sagenumwoben und leicht – zum Thema Carbonkurbel gibt es keine wirklich reelle Alternative. Die einzelnen Parts des Antriebsstrangs könnten zwar noch getunt werden, aber die paar Milligramm beispielsweise eines Aluminiumkranzes sparen wir uns zugunsten einer tadellosen und vor allem dauerhaften Funktion – denn in Sachen Verschleißarmut gehören die Campa-Teile nach wie vor zur Crème de la Crème.

Auch Lenker und Vorbau sind schnell abgehandelt: MOST Carbonlenker und Vorbau – absolut betriebssicher und vor allem »charakterlich« auf gleicher

Die »Muskeln« sieht man dem äußerst stabilen Rahmen schon an.

Höhe – kein Wunder, denn es ist die Hausmarke von Pinarello.

Dieses Profirad – so ähnlich sind auch die echten Teamräder ausgestattet, die unter allen Bedingungen als Arbeitsgerät zehntausende Kilometer pro Jahr herhalten müssen – fühlt sich wie schon erwähnt im Fahrbetrieb ausgesprochen stabil an. Kein Wunder bei den Aero-Laufrädern und den harten und geklebten Schlauchreifen, die gerne auch mal mit 11 oder 12 bar gefahren werden wollen, um ihre Performance zu zeigen und dem Fahrer ein Direktheitsgefühl besonderen Ausmaßes zu bereiten. Natürlich schmälern diese den Abrollkomfort gegenüber den 23er oder gar 25er Drahtreifen, aber sei's drum, die Synthese aus professioneller Leichtfüßigkeit und hinreichender Sturheit darf als gelungen gelten.

Letztlich gilt auch hier: Treten muss immer noch der Fahrer, auch wenn die Psyche ob der Begeisterung über dieses Leichtgewicht mit einer Extraportion Endorphinen über die Schmerzen der zu forsch angegangenen Fahrt hinweg hilft.

Dieses Beispiel soll vor allem eines zeigen: Nach oben ist der Himmel offen, und ob man auf diese Weise zum »besten« Rad kommt, sei dahingestellt.

Die Shimano-Jünger werden an den Campa-Komponenten herumkritteln, die 585er-Besitzer an der Härte, die Drahtreifenfahrer an den Schlauchreifen, die ewiggestrigen Stahlfans am Carbon, die Aluminiumbesitzer an den Kosten eines Unfalls. Wie heißt es so schön? Mitleid bekommt man geschenkt, aber Neid, für den muss man was tun ...

Andere Frage: Was taugt ein Ferrari, wenn man bei Ikea einkaufen will? Es gibt heute so viel gute Technik, und die Freude am gelungenen Einzelstück sollte man sich nicht vermiesen lassen – von niemandem. Denn wenn ein anderer schneller fährt, liegt es gewiss nicht am Rad, sondern an den Beinen.

Zu guter Letzt noch ein etwas detaillierterer Ausflug in den Bereich des technisch Machbaren. Und da denkt man unweigerlich an extremen Leichtbau, extremes Tuning. Klar, man hat auf Messen schon mal gesehen und gehört von abstrusen Rädern, die zwar unendlich leicht sind (man spricht von und sah auf der Waage irgend etwas mit 4 kg – Gesamtgewicht!), aber das ist schon so grenzwertig und in der echten Praxis nicht wirklich fahrbar, dass wir das hier außer Acht lassen. Aber es gibt doch einiges Interessantes, und zwar am Komplettradmarkt –

SuperSix Evo Ultimate – extrem in jeder Hinsicht, auch beim Preis!

das Tuning kann man sich getrost sparen, denn die renommierten Hersteller möchten – wie Mercedes und Co. auch – heutzutage auch ein Vorzeigeprodukt im Serienprogramm zum Beweis ihrer Kompetenz darstellen.

Das ist bei Trek, Scott, Giant und auch den »mittleren« Bewerbern nicht anders. Darunter auch unser letztes Prachtexemplar des Fahrradbaus: Das Cannondale SuperSix Evo Ultimate! Das Rad wurde übrigens von keinem geringeren als Mountainbike-Konstrukteurslegende Peter Denk (ältere Semester erinnern sich noch an Zeiten von HotChili Downhillmaschinen und später dann Scott Genius!) mitentwickelt.

Zu den Fakten: Der Rahmen des Evo sieht nicht besonders überdimensioniert aus, eher fast zu normal, aber die realisierten Werte sind schon beeindruckend. Bei mittlerer Rahmenhöhe hat der Rahmen ein Gewicht von lackierten 700 g und kein Gramm mehr! Dabei ist die Steifigkeit in Tretlager und Lenkkopfbereich über alle Zweifel erhaben und spielt in der Liga eines der besten Aluminiumrahmens aller Zeiten – dem Klein Quantum Pro. Dieser hatte zur Veranschaulichung etwa das doppelte Gewicht, was aber immer noch leicht ist! Zu allem beinahe Unglaubwürdigen besitzt der Rahmen des Evo auch noch exzellente Dämpfungseigenschaften durch konstruktive Ausreizung von Sitzstreben, Carbonlayout und vergleichsweise filigraner Sattelstütze, die dem ebenso Rechnung trägt. Recht viel mehr fällt einem da auch schon nicht mehr ein – das Rad kommt auch mit schweren Fahrern sehr gut zurecht, oder umgekehrt.

Im Übrigen bauen die kanadischen Spezialisten von Cervelo mit dem R-5Ca einen Rahmen des gleichen Kalibers – vielleicht sogar noch etwas leichter, womit wohl die beiden derzeit besten Rahmen auch genannt sein dürfen – von handgefertigten Kleinstserien aufstrebender Uni-Konstrukteure vielleicht mal abgesehen. Bei der Ausstattung sind die nicht einmal 1 kg pro Satz leichten DT-Swiss-Carbonlaufräder eher der gewichtslimitierende Faktor für den User, sie tragen aber auf der anderen Seite nochmals zum spürbaren Komfort des Ultimate bei. Wer hier keine Kompromisse in Sachen Belastbarkeit/Stabilität eingehen möchte, kann sich ja auch mal die Lightweight Obermayer dazu aussuchen, die kosten zwar 4000 Euro, aber in der Klasse spielt das auch keine so große Rolle mehr bei einem Gesamtradpreis von 10.000 Euro. Die Parts sind sehr leicht, wenn auch nicht ausgereizt: Geschaltet wird mit der superleichten SRAM RED, die in gewohnter – für manche auch gewöhnungsbedürftiger – Manier exakt und knackig die Gänge wechselt. In Kürze ist im Übrigen die vorne schon erwähnte Nachfolgegeneration am Anlaufen – sie soll noch mal 10 % leichter sein und hat ein angegebenes Gewicht von 1739 g in der leichtesten Variante!

Weiter aber zum SS-Evo. Die TRP-Bremsen aus Magnesiumlegierung bremsen ganz gut und vor allem leicht, haben aber bei Dauernässe und Dosierbarkeit Defizite. Ob man sich bei diesem sicherheitsrelevanten Teil ein paar Gramm Gewicht spart, muss jeder für sich selbst entscheiden. Die passende SRAM-Bremse ist nur ein wenig schwerer und gehört zu den besten Rennradstoppern am Weltmarkt – ist aber eben nicht so besonders ... Besonders ist aber noch die Kurbel. Als einer der ersten wagte sich Cannondale an die Systemintegration und hat große Lager direkt in den Rahmen gelegt/gepresst und darin eine Kurbel integriert, die diese Vorteile entsprechend gut umsetzte. Dicke, leichte Welle und formschlüssig-optimierte Anbindung. Ein guter Weg und konsequent weiterverfolgt: Die SI-Hollowgramm Kurbel zählt in Sachen Gewicht nicht nur zu den Allerleichtesten, obwohl aus Alu, sondern zu den Steifsten dazu – chapeau!

Vorbau und Lenker sind von den Aeroprofis von Zipp, wenn auch hier ein normalgeformtes Modell verwendet wurde. Machen wir es kurz, das Rad wiegt in Größe 56 cm nicht einmal 5,4 kg und mit Carbonsattel und Co. wäre die 5-Kilo-Grenze nicht schwer zu knacken – und das bei diesen Fahreigenschaften!

5.3. Ausblick

Was wird die Zukunft bringen? Manchem ist die Verunsicherung anzusehen. Dem geht es wie den ganz Schlauen beim Computerkauf. Die meinen nämlich: »Man kauft immer zu früh – und immer zu teuer.« Wir sagen dagegen: Man lebt nur einmal – Zeit zum Warten hat man im Alter immer noch genug. Die alte, bewährte Technik hat den Vorteil, bewährt zu sein. Und ein wenig später ist auch das neueste Rad ein Auslaufmodell. Also: Lassen Sie sich vom Fortschritt nicht verrückt machen!

Jedesmal fragt man sich auf der Messe Eurobike: »Was soll denn noch Neues kommen?« Als die erste Achtfach-Dura-Ace-Schaltung kam, hieß es: »Ob das je funktioniert? Das wird jedenfalls nie Standard werden.« Heute finden wir 24-Gang-Systeme schon im Einsteiger- und City-Bereich! Als die positionierende Schaltung kam, prophezeite ein Händler – so ein rechter Rad-Ayatollah – im Jahre 1990: Die Profis werden nie mit Klick fahren! Und jetzt haben wir am Renner 22- und 30-Gang-Systeme auch in der Zone des Erschwinglichen! Und das Zeug funktioniert besser als jede Achtfach-Version von anno dazumal. Bunte Reifen? Unmöglich! Und wer braucht denn schlauchlose Reifen! Mountainbike – das ist so ein neumodisches Zeugs, das ist eine kurze Mode, die vergeht bald wieder! Federung am Mountainbike? Vielleicht vorne, aber sicher nicht hinten! Federwege von mehr als 80 mm? Unvorstellbar! Scheibenbremsen – so ein Quatsch!

Und als Rahmenprototypen mit unter 1000 g Gewicht als Non-rideable-Schaustücke präsentiert wurden, hieß es: nett, aber nicht belast- und fahrbar. Heute haben wir wettkampftaugliche Rahmen, die mit Gabel und Steuersatz unter 1300 g liegen!

Getriebenaben sind was für Muttis Einkaufsrad. Als die 14-Gang-Rohloff-Nabe kam, riefen die Skeptiker: Das funktioniert doch nie, und dann der schlechte Wirkungsgrad, und dann der Preis! Und das Gewicht! Inzwischen ist sie eines der zuverlässigsten Schaltsysteme ...

Kohlefaser? Zu weich! Zu spröde! Zu teuer! Na gut, vielleicht für Rennradrahmen, aber sonst ...

Elektronisch gesteuerte Schaltsysteme – Mann, da hat sich doch Mavic mehr als einmal eine blutige Nase geholt ... jetzt sehen wir Shimanos Wunder, welches die findigen Japaner nicht nur am hinteren Schaltwerk, sondern auch am vorderen Umwerfer gewirkt haben. Und das nicht nur in der Profi-Kategorie, sondern auch bei der Ultegra. Aber die Italiener geben sich nicht geschlagen: Campa steigt mit der Super Record EPS und Record EPS ebenfalls ins E-Geschäft ein.

Das Fahrrad ist in einem Jahrhundert mehr oder weniger stetiger Evolution zu seiner gegenwärtigen Performance gelangt. Gewohnheit ebenso wie die »Obrigkeit« in Gestalt der Sportfunktionäre schreiben das Grundmuster fort. Die Entwicklung läuft so weiter – noch leichter, noch stabiler, noch genauer. Altes Material verschleißt, neues wird angeschafft, und natürlich steigen Qualität und Preis. Wer weiß, welcher neue Wunderwerkstoff Reifen noch leichter und trotzdem »unplattbar« (Zitat Fa. Bohle) machen wird?

Einer der Autoren bei einer der schönsten Nebensachen überhaupt – Rennradfahren bei schönem Wetter.

Wer weiß, wie sich Nano-Carbon einbringen wird? Vielleicht mit einem ultraleichten Getriebe aus dem Hause Rohloff, mit einem ultraleichten Zahnriemen, speziell abgestuft fürs Rennrad (man wird ja träumen dürfen)? Und wenn es mal nichts Neues gibt, kommt eine Retrowelle – Stahl wird wieder schick! Merckx statt Armstrong ... Es wäre doch wirklich langweilig, wenn wir das alles jetzt schon wüssten und ohne Herzklopfen durch die Eingangstür der Eurobike in Friedrichshafen schritten!

Es bleiben letztlich die Menschen, die das Rad bewegen – bei ihnen ist die Evolution schon etwas länger im Gange und revolutionäre Entwicklungssprünge sind kaum zu erwarten. Das Einzige, was scheinbar konstant und unermüdlich stabil verharrt, ist die menschliche Beschränktheit. Aber glücklicherweise wird sie immer wieder durchbrochen von Kühnheit, Witz, Phantasie und Kreativität.

Lassen wir uns von der Zukunft überraschen – es wird weiter spannend bleiben bei der Entwicklung einer der schönsten Nebensachen der Welt.

6. ANHANG

Dank

Dieses Buch entstand durch tatkräftige Unterstützung vieler Menschen und Firmen. Zuvorderst möchten wir der Firma Stadler danken, in deren Betriebsräumen uns die Möglichkeit gewährt wurde, ein Fotostudio aufzubauen und so all die Bilder zu produzieren, die das Thema Wartung erläutern.

Mit Bildmaterial, Rat und Tat halfen uns die unten im Bildnachweis genannten Firmen und Hersteller.

Wir hoffen, niemanden vergessen zu haben. Wenn doch: Sorry! All die Tipps und Hinweise, die wir mit diesem Buch weitergeben, vermitteln wir nach bestem Wissen und Gewissen. Wir können jedoch keine Haftung dafür übernehmen. Für alle, die gerne Rad fahren und auch selber schrauben, gilt: Jeder muss die Verantwortung für alles tragen, was er selber macht.

Have a good ride!

Bildnachweis

Alle Fotos stammen von Tom Linthaler, Frank Lewerenz und den Verantwortlichen für Öffentlichkeitsarbeit derFirmen: Scott, Trek, Cannondale, Syntace, Lupine, Polar, Shimano, SRAM, 3T, Campagnolo, Tune, Grofa, Cosmic Sports, RTI-Sports, Paul-Lange, Lightweight, Cervelo, Bohle, Continental, AX-Lightness, SRM, Derby Cycles,Haase, ZEG.